成长的力量

梁宸瑜　马英◎著

中国商业出版社

图书在版编目（CIP）数据

成长的力量 / 梁宸瑜，马英著 . -- 北京：中国商业出版社，2022.4

ISBN 978-7-5208-1953-4

Ⅰ. ①成… Ⅱ. ①梁……②马… Ⅲ. ①心理学 - 通俗读物 Ⅳ. ① B84-49

中国版本图书馆 CIP 数据核字（2021）第 242389 号

责任编辑：张新壮 刘万庆

中国商业出版社出版发行
（www.zgsycb.com 100053 北京广安门内报国寺 1 号）
总编室：010-63180647 编辑室：010-83118925
发行部：010-83120835/8286
新华书店经销
三河市龙大印装有限公司印刷
*
710 毫米 ×1000 毫米 16 开 11 印张 115 千字
2022 年 4 月第 1 版 2022 年 4 月第 1 次印刷
定价：48.00 元
* * * *
（如有印装质量问题可更换）

前言

今年对我来讲是特殊的一年。在这一年，我迈入了 30 岁的大门，进入了一个崭新的人生阶段。每一位女性对 30 岁的感觉都不太一样。有人认为 30 岁已经属于初老期，是令人恐惧的；有人认为 30 岁拥有着前所未有的社会压力，是痛苦的；有人认为 30 岁经过了岁月的沉淀，是成熟而有魅力的……我也曾经对我的 30 岁有过无数的幻想，而当它真正来到面前时我才发现，属于我的 30 岁是勇敢的、跃跃欲试的、对未知充满好奇的、对过去能够微笑以对的。

30 年的人生历程虽然并不算长，但也足以容纳许多故事了。我回首望向曾经的岁月，有怀念，有眷恋，有不舍，也有挥别的成就感。在这样特殊的时刻，我将自己的过去写成文字，总结自己的人生感悟，为曾经的生活画上圆满的句点，也为未来生出崭新的期待。

人们总是在不停地追求完美的未来，却往往因此错过了当下的美好。其实只要心里有阳光，阴雨天也可以是一种浪漫。如果我们可以抓住当下的美好，不为过去所困，不为未来所恼，不为他人所绊，我们的生活就会更快乐、更幸福。每个人都有自己的故事，每个故事都有独属于自己的精彩，只是它们演绎的方式不同。

生活中，也许我们不是最优秀的那一个人，但我们都有着一颗最真挚、最善良的心。无论贫穷或富有、丑陋或美丽，我们都以同样的心态去看待它。我们应当保持不骄不躁、心平气静、和颜悦色的状态，怀着一颗坦然自若的心，以温和的姿态对待身边的每一个人。久而久之就会发现，我们的心已经变成了一滴滴透明的水珠。入眼，澄澈清新；入心，温馨和婉。

生命是一次花开的过程，也是一处心灵与心灵相约的驿站。我们只有身处在宁静之中，才能听到花开的声音，才能感应心灵深处的呼唤，才能看清尘世中繁华过后归于虚空的境界。面对起伏不定的生活，我早已习惯了独自承受低谷的孤寂，看时光悄无声息地为我抚平一切。

生活赐予了我们紧握在手中的幸福，同时也为我们带来了许多遗憾和不足。对此，我们不必抱怨、不必自卑，心若向阳便是晴天。我们与其怨天尤人，不如改变自己对人生的态度。我们只有换个角度进行思考，才可以看到事物的另一面。以冷静超然的态度来看待问题，也许我们会发现意想不到的风景，拥有“柳暗花明又一村”的奇遇。

本书由梁宸瑜、马英共同回忆，梁宸瑜整理，书中的“我”指梁宸瑜。

目　录　CONTENTS

第一章

将童年的伤疤绘成蔷薇

提起童年，我不禁思绪万千。童年的遭遇是我心底埋得最深的回忆，而苦涩的回忆中又带着丝丝甜蜜，它来自我的母亲——这个世界上最爱我的人。我的母亲是我童年灰暗生活中的一道亮光，她在我幼年的时候温暖了我、鼓舞了我，让我有勇气直面困难，最终在不断的努力中将童年的伤疤绘成了漂亮的蔷薇。

陈旧思想的烙印

巴尔扎克曾经说过:“童年原是一生中最美妙的阶段，那时的孩子是一朵花，也是一颗果子，是一片懵懵懂懂的聪明，一种永远不息的活动，一股强烈的欲望。”是啊，“童年”是一个多么美好的词语，似乎童年就该用“无忧无虑”“天真无邪”这样美好的词来形容，但我的童年却与之截然相反。自我出生之时起，我的童年就笼罩在重男轻女的阴霾里，传统的旧观念给我的童年生活打上了一道重重的烙印，让我在多年之后回忆童年时，依旧能够感受到当时的痛苦。

我出生在四川广安的一个普通家庭里，是父母的第一个孩子。但当我出生时，父亲的脸上并没有太多初为人父的喜悦，爷爷奶奶脸上的失望更是显而易见——只因我是一个女孩子。只有我的母亲，这个刚刚忍受了极大痛苦生下我的母亲，将我紧紧地抱在怀里，喃喃轻语地哄着我，脸上洋溢着幸福的笑容。

也许我的女孩身份就注定了我在这样一个家庭里不会收获像他人一样幸福的童年，但当时懵懵懂懂的我并没有意识到这些，每天看到母亲的笑容就足够温暖我小小的心灵了。而随着年龄的增长，我渐渐意识到了，我和其他小孩子是不一样的。

我曾看到过别的小孩子被她的父亲抱在怀里，小孩子“咯咯”地笑着，她的父亲脸上也洋溢着笑容，见到认识的人就扬扬得意地说：“看，这是我女儿，好看不，长得像不像我？”

我也曾看到过别的小孩子被奶奶牵着手，奶奶一面摸着孩子的头一面说：“乖孙女儿，今天你想吃啥子，想要啥子，奶奶都给你买。”但我的父亲从没有这样开心地抱过我，我的奶奶也从不会对我这么大方。这一切都是因为我是一个女孩子。

一次，我和母亲回家时，在路上遇到了邻居家的叔叔，刚刚从外地回家的他一把就把在家门口迎接他的女儿抱了起来，放下女儿后又迫不及待地从背包里掏出一件漂亮的小裙子递给她。女孩惊呼一声，抱起裙子跑向屋子，后面的父亲一面让她跑慢点一面又追了上去。

看到这一幕的我不由得顿住了脚步，目光也黏在了两个人的身上，直到两个人的身影消失不见。好像，我的父亲从来没有这样关心过我，更不要说给我买漂亮的小裙子了。等我回过神来，才发现不知道什么时候母亲也停下了脚步，而向来坚强的她竟然红了眼眶。

我心里一慌，牵起她的手对她说："妈妈，我饿了，咱们回家吧。"母亲却一言不发，一把将我抱起来，抱进了家门。直到现在，我似乎还能感受到母亲那时温暖的怀抱。我知道，她在用怀抱表达对我的爱，希望能够温暖我受伤的心。

母亲的怀抱是那样温暖，温暖到让我陶醉，温暖到让我错误地认为母亲是无所不能的，但事实上，在这样的家庭里，母亲背负的痛苦远超我的想象。

因为我是女孩子，所以家里的老人和其他亲朋好友对母亲说得最多的话就是："唉，娃儿长得蛮漂亮，可惜是个女娃，打算哪个时候再生一个？"每当这时，母亲只能笑着给大家倒茶，倾听大家的"好意相劝"。

年关将至，家家户户都在为新年做准备，这也是我和母亲一年中最忙碌的时候。母亲需要打扫、布置屋子，做一大家子的饭菜，我也会跟在母亲身后，帮母亲打下手。然而到了吃饭的时候，我和母亲却总是被挤到一边，原因则是桌子坐不下这么多人。多么可笑，母亲做好了丰盛的饭菜，却不能和大家坐在一起吃饭。那边的一桌人举着酒杯高谈阔论，我和母亲安静地坐在这边吃饭，热闹的家里好像分成了两个世界，而我和母亲，好像永远也打不破这两个世界的隔膜。

在这样的家庭环境下，我渐渐意识到了在这个家里，我是不被欢迎的，母亲也因为生下了我，而被三姑六婆指责。在我的整个童年里，见惯了别人眼里的轻蔑，见惯了别人对我的忽视，更一次又一次地感受到了母亲被亲人朋友的排挤。这些都在我幼小的心灵上留下了一道道细小的烙印，也为我之后的选择和成长埋下了伏笔。

连绵不断的“暴风雨”

在我的童年记忆里，父亲一直是一个让我感到惧怕的人，每次想起我童年时期的他，都伴随着无尽的争吵。四川人都很喜欢打麻将，我的父亲也是如此，同时我的父亲也是一个十分重视朋友的人，甚至我和母亲在他心里，都没有他的那些朋友重要。每次他的朋友喊他去打麻将，他从不会缺席。

一天晚上，母亲忙完一天的家务后拖着疲惫的身体在卧室整理我的衣服，看着我那些少得可怜的、皱巴巴的衣服，母亲红了眼眶。我赶忙抱住了母亲，对她说：“妈妈，你不要哭，这些衣服我都很喜欢。”母亲抱了抱我，颤抖着声音说了句“好孩子”。

这时，外面的天已经很黑了，而我的父亲还在朋友家打麻将，没有回家。母亲让我先睡，我猜到她要等父亲回家，于是便摇摇头，跟着母亲一起出了卧室。我和母亲在外面的客厅等了很久，母亲的脸色越来越难看，我的心也越来越忐忑，害怕父亲回来时，家里又会迎接激烈的“暴风雨”。

不知过了多久，父亲终于回来了，母亲忍着怒气没有和父亲吵架，而是对他说道：“娃儿的衣服都小了，该买新衣服了，明天我打算带她去一趟城里，咱们一家人很久没有一起出门了，你也一起去吧。”或许是我和母亲眼里的期盼感染了父亲，或许是听到这番话的父亲心里难得地升起了一丝愧疚，总之，他同意了。

现在回想起来，我还清晰地记着当时心里的欣喜。我高兴极了，蹦蹦跳跳地跑进卧室，母亲也笑得开心，她将我抱上床，一遍遍地抚摸着我的头，哼着歌哄我入睡。在母亲温柔的歌声里，我渐渐睡去。那天夜里，我破天荒地做了一个五彩斑斓的梦。

谁也没有想到，这个梦会破碎得这样早。第二天一早，在我和母亲打算和父亲一起出门时，父亲的一个朋友找上门，喊他去打麻将。这时的父亲全然忘记了昨天晚上对我和母亲的承诺，兴冲冲地便跟着朋友出门了。

现在回想起来，只觉得这不过是必然的事情，但当时的我并不懂。那时的我满心失落，只觉得在我心里原本就不高大的父亲的身影，变得更加透明了。母亲同样很失落，但她没时间难过，她还要安慰更加脆弱的我。

母亲将我抱起来轻轻地哄着，说没有爸爸也没有关系，咱们两个也可以去，到了城里就给我买我最爱吃的红糖糍粑，还会给我买漂亮的小裙子。我抱着母亲点点头，忍住了眼里的泪水。

然而最终，我没有在这天吃到红糖糍粑，也没有买到漂亮的小裙子，我和母亲买衣服的计划，仿佛从最开始就是错误的。因为在这天早上，真正的暴风雨降临了。

我和母亲还没有到城里，天空中就轰隆隆响起了雷，我害怕地依偎在母亲的怀里，母亲一面哄着我，一面又急忙往家里赶——家里的院子里，还晒着前两天刚刚收完的麦子。我的红糖糍粑和漂亮的小裙子就这样泡汤了。但那时难过的我并没有想到，最让我伤心的事情，还在后面。

母亲带着我急忙回了家，但比我们更快的，是突然而至的暴风雨。巨大的雨点“啪啪”地打在石板上，也打在母亲的心里。到家之后，母亲顶着大雨扫麦、收麦，眼里的泪水混着雨水滴滴落下，而这时，我的父亲还是没有回家。

母亲哭着收好了麦子，身上的湿衣服滴滴落着雨水。我被这样的母亲吓坏了，哭喊着让她快点换衣服，她却浑然不觉。在屋子里坐了片刻后，母亲叮嘱了我一声乖乖待在家，便跑出了门。

我在屋子里大声喊着母亲，也没能将她喊回来，只能揣着一颗惴惴的心，焦急地等母亲回来。没过多久，伴随着两个人的争吵声，我的母亲将我的父亲从牌桌上拽回了家。两人一进门，父亲就将一直拽着他的母亲推倒在地，大声斥责母亲让他在自己的朋友面前丢了面子。我连忙跑到母亲面前，将她扶了起来。谁知父亲又将矛头指到我身上，说是我非要今天去买新衣服，才耽误了母亲收麦子。

母亲气得一句话也说不出，我也被父亲一声比一声高的斥责吓得哇哇大哭。看见大哭的我，父亲脸上的怒色更重，大喝一声："哭什么哭，再哭揍你！"说着便阴沉着脸向我走来。这时母亲一把将我抱在怀里，对父亲喊道："你敢打她，我就敢和你拼命！"我抱着母亲大哭，既有对父亲的惧怕，又有对母亲的感恩。我知道，这个全世界最爱我的女人，真的会用自己的生命保护我。

父亲的拳头最终没有落下，在瞪了母亲一眼后，最终骂骂咧咧地出了门。屋外的暴风雨已经停了，而家里的"暴风雨"也暂时结束了。

像这样的"暴风雨"，在我的童年里是司空见惯的事情。在我的整个童年里，母亲总是因为父亲打麻将、不做家务等事情而和父亲争吵，而在这样连绵不断的暴风雨中，我的内心也越来越封闭，越来越自卑。

母亲在命运的断崖边抓住我

出生在这样一个家庭，我知道我的命运之路一定不会平坦，但我从未想过，我的命运会走向断崖。而我并未掉下断崖的原因就在于我的母亲，在断崖边紧紧抓住了我。

在我一天天长大的过程中，我的家里也迎来了第二个孩子——我的妹妹。在我妹妹没有出生之前，全家人的欣喜和期望是显而易见的，父亲整天都哼着小曲，爷爷奶奶平日里看向母亲眼里的责备也换成了期待，甚至连对我的态度也好了很多。而在我妹妹出生后，在得知母亲生的依旧是一个女孩子后，他们对我和母亲的态度也发生了 180°大转弯。他们不停地责备母亲，又将怒气撒到了我的身上。我的生活在短暂正常后又重新覆上了阴霾。

我的生活很难挨，而妹妹的到来给我的生活带来了一抹亮色，当她甜甜地喊我“姐姐”，对着我微笑的时候，我的心里油然升起了一股勇气，我想在未来的日子里好好呵护她，让她更快乐地成长。

然而没过多久，平静的生活就被打破了，我的命运也拐了一道弯。

那些天，家里的气氛变得怪怪的，爷爷奶奶不时地看着我叹气，父亲对我也更加不耐烦。母亲对我如往常一般好，但看向我的眼睛里却常常泛着泪光。我不明白这是为什么，只得更加小心翼翼。

直到有一天，家里来了一位特殊的客人，是一个我从来也没有见过的大叔。爷爷奶奶把大叔请进来，又让我父亲把我和我的母亲喊了过去。

等我们一进屋，我就被奶奶喊了过去，这个之前对我从来都是疾言厉色的老人家，这天却破天荒地对我笑了。她笑着对我说：“乖孙女儿，快来见一下你张叔叔。”

我心里感到怪怪的，还是在奶奶催促的目光下喊了声“张叔叔”。

“哎，多漂亮的娃儿。”张叔叔对我笑了笑，伸出手来就要拉我的手。

我怯怯地退了两步，这时，我的母亲突然冲过来一把把我拉在怀中：“我的乖女儿啊！”母亲抱着我号啕大哭，看着这么伤心的母亲，我的眼泪也掉了下来：“妈妈，你怎么了？你为什么哭啊？”母亲摇着头，却什么也说不出来。

我的心里难过极了，却不知道怎样安慰母亲，只是一遍遍地擦着母亲脸上的泪水。而母亲脸上的泪水却越来越多，怎么擦都擦不完。

“孩儿他妈，我知道你心疼孩子，可是咱们家不能没有男孩子来传宗接代啊！养个孩子多不容易，你生了两个女儿，就算是辛苦把她们拉扯大，她们还是早晚都要嫁人的。只有生一个儿子，将来才能有人给你养老送终，咱们家的香火才能延续。正好张家也有领养咱家孩子的意思，这是多好的事情啊，你就别拦着了。趁着还年轻，赶紧生一个儿子才是最要紧的事。”奶奶看母亲哭得厉害，便开口劝道。

听闻这话，一边的爷爷要点烟的手也顿住了，连连附和，而父亲抿着嘴角，既没反驳爷爷奶奶，也没有开口安慰母亲。

直到这时，我才明白发生了什么事，原来爷爷奶奶为逼我母亲再生个儿子，竟要将我送走！一时间我仿佛置身冰窖，连温热的心脏都被寒冰包裹了起来。原本我还在纳闷为什么今天父亲没有出门打麻将，原来今天是有“更重要的事”。想想我最爱的母亲、想想我那可爱的妹妹，今天之后，我可能再也见不到她们了。

正在我胡思乱想之际，母亲开口了："妈，瑜儿是从我身上掉下来的一块肉，是我看着一天天长到这么大的，我怎么能舍得让她去给别人当女儿？"

"一个女娃有啥舍不得的？女儿再好，能有儿子好吗？将来能有儿子有用吗？"奶奶不依不饶。

"女儿怎么了？谁说女子不如男，我一定会把我的两个女儿培养得比男孩还优秀！"母亲的声音依旧很温柔，语气却很坚定。

母亲的话就像一道暖流，流进了我冰冷的心里，被冻结的心脏又"怦怦"地跳了起来。

看到母亲这个样子，张叔叔也打消了领养我的念头，和爷爷奶奶寒暄了几句便出了门。

我被领养的危机就这样被解除了，命运好像和我开了一个玩笑，生活又重新回归正轨。只有我知道，在命运的断崖边，是母亲用她孱弱的手臂紧紧地抓住了将要掉下悬崖的我，将我拉了上来。

那天，看着满脸泪水却目光坚定的母亲，我暗暗发誓，这辈子我一定要好好孝顺我的母亲，等我长大后，一定要更加努力地去为母亲创造更好的生活。这是我对母亲永远的承诺，也是我一直铭记的初心。

如何向上，唯有放下

领养事件过去后，我和母亲的生活看似回到了正轨，但我却渐渐发现，在我安稳生活的背后，不过是母亲的负重前行。

因为拒绝把我送走，又没有儿子，母亲不知道遭受了多少人的议论。在我的印象中，有很多次母亲带着我出门时，我都会看到一些人指着母亲的后背说："哎，梁家的媳妇哪里都好，就是生不出儿子，可惜了。"或者说："这就是那个生不出儿子的人。"每每这时，母亲都会拉着我加快脚步，远离这些嚼舌根的人。

但我又怎么会听不到这些话呢，这些伤人的话每个字都像刀子一样，深深扎进我的心里。我不明白，为什么生女儿就要受到这样的歧视。

在亲人的排挤、别人的非议中，不知如何是好的我越来越自责，我也曾想过，是不是我的出生真的是个错误？如果我是个男孩子，是不是母亲就会好过很多？那时的我想过很多这种问题，却始终想不通。

多少次我都在梦中梦到过那天的场景，喋喋不休的奶奶伸长了手臂，将我从哭泣着的母亲的怀中拉过来，又交到陌生叔叔的手中。我大声哭喊着"妈妈"，却离母亲越来越远……

我哭喊着从噩梦中醒来，才发现只是一场梦，而梦中的泪水，已将枕头打湿。我从没有将这些可怕的梦告诉过母亲，因为看到母亲伤心的脸我会更加难过。

在那段时间里，我一面贪恋着母亲的温柔和爱意，一面又因为自己是女孩而深深自责。在这样矛盾的心理中，我越来越惶惶不安，不知何去何从。

一天，在再一次听到别人对母亲的非议后，深受煎熬的我忍不住崩溃大哭。母亲被我吓到了，不断地问我："瑜儿，乖女儿，你为啥哭？"我再也受不了了，忍不住抽噎着问母亲："妈妈，是不是我拖累了你？如果我是个男孩的话你是不是会更好过？"

母亲听后忍不住红了眼眶，她抱住了我，抚摸着我的头，温声讲道："傻孩子，你怎么会这么想？不要听别人乱说，你永远是妈妈的宝贝。别人可能会因为你是女孩而看轻你，但你自己不能看轻你自己。男孩女孩没有什么不同，男孩能做的事情，女孩同样也可以做好，无论什么时候，你都要相信你自己。"

我抱着母亲点点头，抽噎着止住了泪水。母亲又说道："别怕，最坏的日子已经过去了，不要在意别人不好听的话，不要回忆不好的事情，勇敢地向前走。"说着母亲就擦干了我脸上的泪水，拉着我继续向前走。

在母亲的鼓励下，我尝试着丢掉思想的包袱，勇敢地向前走。也正是由于母亲的鼓励，我才没有永远困在困境中，才能成就如今的辉煌。母亲教会了我，要想向前走，就要放下身上的包袱。

现在回想起当年的事情，我依然能够感受到母亲带给我的感动。她柔弱的身躯里隐藏着巨大的力量，她可以为了我对抗爷爷奶奶、对抗流言蜚语，还能够在我崩溃时安慰我、鼓励我。我知道母亲为什么拥有这样的力量，那是对我的爱。而这份力量也时刻激励着我，在我遭遇挫折、困境的时候，每每想到母亲，我就会有无尽的前进动力。无论前路如何，我都不会让母亲失望。

超越苦难，涅槃重生

时光如白驹过隙，转眼我和妹妹都已经步入学堂，也开始领略到了家之外的风景。对于我来说，学校是一个安静的港湾，能够让我暂时远离家里充斥着争吵的压抑气氛。而怀揣新希望的我没有想到，学校也是很艰难的。

由于童年时期缺乏安全感，且又自卑，我变得越来越内向，也没有多少小孩子愿意和我交朋友，到了少年时期也是如此。当时的我醉心于学习，并没有过分关注这件事。

初中的时候，班级里的学生们已经有了自己的小团体，会三五成群地凑在一起聊天，分享自己的新衣服或零食，也会在放学后结伴去玩或一起回家。而我没有漂亮的新衣服或零食作为自己的谈资，同时内向不爱说话的我也难以融入她们。虽然在学校的大部分时间我都在读书学习，但课间听到周围女生凑在一起聊天发出的阵阵笑声、听到她们谈论我没看过的动画片、没吃过的零食时，我也会羡慕，更会陷入深深的自卑中。

这不是最让人难过的，最让人难过的是一些喜欢欺负人的“小霸王”会时不时地欺负我，撕掉我的作业本、在我走路的时候推倒我等，我根本不敢反抗，只能默默哭泣。一次放学之后，我正在路上走着，一个平日里总是欺负我的男生突然冲过来用力推了我一把，直接把我从一米多高的台阶上推了下去。我吓坏了，身上疼得厉害，仔细一看才发现我的手掌和膝盖都被磕破了。这时我忽然听到有人大叫一声，冲过来抱住了我，原来是我的母亲。

我现在还清楚地记着，当时我吓得哭也不敢哭，母亲却抱着我哭得很伤心。看到母亲哭，我更难过了，忍着疼对她说：“妈妈，你别哭，我不疼。”母亲点了点头，眼泪却掉得更多了。她擦了擦眼泪，小心地扶着我回了家。

回到家之后，父亲看到母亲便大发雷霆：“这个时间你跑去哪里了？饭也不做，想饿死我啊！”母亲扶着我进了屋，头也没抬：“孩子今天被人从台阶上推下来，手脚都摔破了，你有力气不如去外面喊。”父亲却什么也没说，瞪了我一眼便去做饭了。而看到我受伤的爷爷奶奶，也没有半句关心的话。听到母亲的话，奶奶唉声叹气地在旁边说道：“哎呀，就是个女娃才会这样，要是个男娃，别人怎么能欺负得了！”

母亲刚止住泪的眼眶又红了，忍着泪为我清洗、包扎了伤口。刚刚摔伤的时候我没有哭，包扎伤口的时候我却忍不住流下了眼泪，伤口虽痛，但父亲和爷爷奶奶对我的冷漠更让我难过。母亲抱着我，温柔又坚定地对我说："莫要哭，坚强点，谁都可以看不起你，你自己不能看不起自己，妈妈相信你，总有一天你会证明你自己。"

母亲的安慰给了我极大的勇气，从那天起，我就告诉我自己，我一定要好好学习，让母亲扬眉吐气。

生活是困苦的，但还是要继续。在之后的日子里，无论我遭遇怎样的困难，母亲都不会像父亲或爷爷奶奶一样一味地指责我，而是不断地安慰我、鼓励我，给我前进的力量。在母亲爱的呵护下，我也能够越来越坦然地面对前进道路中的曲折。因为我知道，无论如何，母亲都是我最坚强的后盾，而母亲对我的爱，也给了我克服困难的无穷动力。

宠辱不惊，看庭前花开花落

初中毕业之际，我以优秀的成绩考入高中，妹妹也随后步入高中校园。在书本中的广阔知识海洋里，我看到了更丰富多彩的世界，对未来的生活也充满了向往。

这时的我依旧内向，却不像之前那样自卑了，优异的学习成绩给了我自信的底气。十六七岁的少男少女正是天真烂漫的年纪，他们会在操场上挥洒汗水，会在假期相约逛街、聚会，但这些都与我无关。

或许是承受了太多生活的苦难，我比同龄人要早熟很多，相比在高中交朋友，我更珍惜这宝贵的学习机会，我知道，要想改变命运，读书无疑是一条捷径。

高中的生活苦乐参半，苦的是我的父亲和爷爷奶奶依旧不关心我，哪怕我考了好成绩，拿着奖状回家时，他们依旧会以“女孩子读书无用”的说法轻视我。并且随着我渐渐长大，要做的家务也越来越多，洗全家人的衣服、做饭、收拾屋子是家常便饭，到地里有农活时，我也会经常下地干活。

记忆中有一年秋收时，家里人都十分忙碌，连续十几天我都会在放学回家后帮家人干农活，假期放假时也会下地。但正是这个时候，学校中也即将有一场十分重要的年级考试，一连十几天，我都为没有时间好好复习而感到十分焦虑。考试前的最后一个周末，我向父亲请求不去干农活了，想留点时间复习考试内容，但他却没有同意。最终，由于没有时间复习，我的考试成绩后退了好几名，没有得到奖状。

当我难过地回到家中，得知我成绩下滑的父亲不仅没有安慰我，反而说：“考得好考得不好有什么用，不如早点不上学了帮家里干活。”相比父亲的冷漠，母亲还是一如既往的温柔，她对我说：“别听你爸乱说，这次考试是没有准备好，下次肯定会进步的。”为了安慰我，那天母亲还特意做了我最爱吃的红糖糍粑。

是的，在这段时间里，给我关爱，给我带来快乐的依旧是我的母亲。当我考出好成绩时，母亲会为我高兴，当我成绩不理想时，母亲也会鼓励我重拾信心。她会在我的生活和学习中，给予我最坚定的爱。

一次，学校里的老师推荐了一本高考辅导书，一些同学也陆陆续续地买到了，回家之后，我和母亲说起了这件事，母亲说第二天就去买。到了第二天晚上，我放学回家时，中午就出门的母亲却还没回来。我既担心又自责，心里越来越焦虑。终于，晚上九点多的时候，母亲回到了家里，将我心心念念的辅导书递给了我。

我问她为什么回来得这么晚，母亲解释说，之前听说有书的那家书店没货了，她为了找书才多逛了几家店。母亲说得轻飘飘的，我却知道在这个交通并不算多便利的小县城中找几家书店并不是一件简单的事，以至于母亲回来得这样晚。我拿着书，感觉手中的书更重了，不只有书的重量，更有母亲沉甸甸的爱。

这一时期，我的心中还有自卑，但更意识到母亲对我的爱，更能淡然地面对生活中小小的成功和父亲等人带给我的痛苦。虽然我的生活中依旧有痛苦，但我更相信我能够改变生活，因此也更能以平和的心态面对生活中的苦涩与甜蜜。同时学习也为我打开了希望之门，我知道，等我考上大学，就会迎来新的明天。

第二章

你所付出的，总会以另一种形式回到你身边

童年的坎坷遭遇在我的心中留下了一道疤，也让我更加珍惜之后平静的生活，但命运并没有放过我，我的成长之路依旧充满坎坷。面对成长路上的这些挫折，我并没有低头，而是付出更多的努力，在困境中活出精彩。当我跨过这段坎坷之后，终于明白，你所付出的，总会以另一种形式回到你身边。

在人生的转折点，我选择了成全

我和妹妹在母亲的庇护下，共同平安度过了我们的童年时代。我本以为从此便可以顺遂如意，可谁知在即将高中毕业之际，生活再次

给我设下了一道路障。

在我和妹妹都上了高中之后，我们经常在一起讨论未来的规划，而考上医科大学，是我和妹妹共同的梦想。高中生活接近尾声时，我和妹妹对自己马上就要踏入的大学校园都充满了憧憬与向往。我们常常凑在一起幻想，大学的宿舍是什么样子、大学的老师和高中的老师有什么不同、大学的课程会不会非常自由……我们还没来得及从美梦中伸一个懒腰，命运的打击就已经悄然而至。

那时已经是高考前夕，我为了考上心仪的医科大学，每天都学习到深夜。但我并不觉得累，反而十分有精神、有冲劲，因为我知道，高考能够改变我的命运，甚至是改变我命运的唯一方式。

可能是因为快高考了，父亲不再每天和母亲吵架，而是早出晚归地工作，母亲也承担了更多的家务，让我安心复习功课。但不知道为什么，我不止一次听到母亲唉声叹气。

开始时我并没有想太多，依旧沉浸在对大学生活的向往中。一天晚上吃饭时，妹妹和我聊起了她从已经上大学的同学姐姐那里听来的大学见闻，兴奋地说等我们考上大学就能够过上那样的生活，我的心情也一下子激荡了起来。

这时，坐在我对面的妈妈叹了口气，放下了碗筷，看着我们姐妹俩欲言又止，父亲也顿住了夹菜的手。见到父母这种反应，一种不好的感觉笼罩在我的心头。我不禁问母亲："妈，到底怎么了？家里出什么事了吗？"

母亲低下头不看我，更不忍心讲出真相，最后还是父亲把筷子往桌子上一拍：“好了，本来是想晚点告诉你们的，我和你们妈妈算过了，家里实在是拿不出足够的钱供两个孩子读医科大学，你们只能有一个去读卫校。”

听完父亲的话我如坠冰窟，看着妹妹眼中的绝望，想着妹妹对医科大学的向往，我心中又难过又纠结，再也吃不下饭，转身跑进房间。

那一夜，我辗转难眠。医科大学是我一直以来的梦想，我每天刻苦学习，就是为了能去那里读书。可是同样地，我也知道我的妹妹对那里有多么向往。我身为姐姐，自然应该勇敢地承担起这份责任，守护妹妹的梦想。可是，那也是我的梦想啊……我守护了妹妹，又有谁来守护我呢?

也许你原本想成为太阳，但你却只是一颗辰星；也许你原本想成为大树，但你却只是一棵小草。尽管如此，也请不要因此而自卑，其实你和他们都一样，都是这世上美好风景的一部分。如果做不了太阳，那就做好辰星，在自己的星座散发光芒；如果做不了大树，那就做好小草，以自己稚嫩的绿色来装点希望。我不断地这样安慰着自己，最终下定决心，把这个宝贵的机会让给妹妹，自己去读卫校。

第二天，我把这个决定告诉了家人，父亲看了我一眼，什么也没说就出门了。母亲眼眶也红了，看着我的目光充满了怜惜，但也只是拍了拍我的肩膀，说了一句“好孩子”。妹妹则一下子扑进我怀里，抱着我崩溃大哭，一遍遍地喊着“姐姐”。我知道妹妹也心疼我，也会自责，但事已至此，做出决定我就不会后悔。我抚摸着妹妹的头发，安慰她别伤心，到了大学一定好好学习。妹妹重重地点了点头。

一切尘埃落定之后，我收拾行囊，来到了卫校，开始了一条此前我从未设想过的道路。在卫校收拾行李时，我从书包里发现了一封妹妹写给我的信，想来是她偷偷放到我的书包里的。信中只有短短的一句话："姐姐，你对我的爱我永远记得，我一定会好好学习，你也要好好照顾自己。"

我长舒一口气，将这封信小心地收起来。我知道是因为妹妹难以面对面和我说这些话，才选择用写信的方式向我表达感谢。也许在这之后，我和妹妹的命运会走向两个不同的方向，但我并不后悔。人生有很多事情是自己无法左右的，埋怨命运的不公也无济于事，我们能做的只有永不放弃，无论在怎样充满荆棘的道路上都不放弃前进，总有一天会峰回路转，走向人生的康庄大道。

能力是最好的敲门砖

来到卫校的第一个晚上，我再一次失眠了。

白天报到完之后，我就来到了自己的宿舍，认识了其他5个舍友。虽然是第一次见面，但大家并不拘束，都很热情地介绍着自己。有的人是因为学习成绩太差考不上本科，只能来读卫校；有的人是因为家里父母是医生，但自己不想做医生才来学护理专业。我静静地听着她们讲，心想，因为没钱上大学才来读卫校的恐怕只有我一个吧。

大家叽叽喳喳地聊一通，又计划着一起去学校旁边的小吃街逛逛，一起吃个饭、买点生活用品什么的。舍友邀请我时，我想想自己单薄的钱包，最终表示自己没有什么要买的，拒绝了邀请。看着舍友们说说笑笑地出了门，我心中的难过再也无法掩盖，默默流下了眼泪。我也不想自己这样不合群，但在苦难生活的压迫下，我别无他法。

晚上，躺在床上的我久久难以入睡。我不能永远这样伤春悲秋，必须振作起来，只有这样，我才能改变自己的生活。这样想着，我又坚定了信念，做不成医生又怎样，即使做护士，我也要做最出色的护士。确定了这一想法后，我才慢慢进入了梦乡。

为了向这个目标努力，在卫校的时间里我每天都努力学习，一刻也不敢懈怠。当别人在外面享受美食时，我早已草草填饱了肚子来到实验室练习；当别人结伴出去逛街买衣服时，我将自己淹没在图书馆的书海里；当别人拿着化妆品研究化妆技巧时，我却拿着药品研究它的成分表与用法。

卫校的学习生活和高中相似，都需要上理论课、上晚自习，平时也需要做笔记和背书，考试前夕挑灯夜读也是常有的事。和高中不一样的是，卫校的学习涉及很多实践课，掌握任何护理技能都需要一遍遍地练习。

记得当时练习打针时，我们宿舍的 6 个人两两一组互相练习扎针。大家都是女孩子，都很害怕打针，但是为了学习，必须克服恐惧。一开始打针的时候，我的手都是抖的，怕扎疼了舍友。舍友就安慰我说没事，让我大胆扎。为了不让我紧张，即使我扎疼了，她也硬撑着不说话。后来当我的舍友给我扎针的时候，我也是不管多疼都忍着。直到最后，我们俩的手都肿了，同时扎针也更加准确、熟练了。

在卫校学习的时候，无论是在理论课上还是在实践课上，我都会努力学习，一遍遍地背知识要点，一遍遍地进行实践训练。我知道，只有不断努力才会提高自己的能力，只有提高能力才能够敲开成功的大门。

我的努力并没有白费，在卫校的时候，我的成绩依旧名列前茅。虽然当时的我也曾对未来感到迷茫，但我知道，只要走好人生当下的路，未来的路也会更加顺畅。

对自己狠一点，离成功近一点

从小我就知道，成长在这样一个家庭里，万事都要靠自己，我只有对自己狠一点，才能够更接近成功。之前在学校读书的时候，我知道读书能够改变命运，因此奋发努力，希望通过高考改变人生。后来，我进了卫校之后，只能拼命学习护理知识，希望能够成为一名优秀的护士，只有这样，我才能在迷茫的未来里拼出一条出路。

在卫校学习的过程中，我依旧坚持着“对自己狠一点”的原则，十分自律。早上，当舍友们还在睡梦中的时候，我就早早起床，来到教室背书做题；晚上，当舍友们准备入睡时，我还在回想今天学习中遇到的问题和明天需要做的准备。

周末休息的时候，我会利用这个时间段做一个总结，总结这一周学到的知识、没有弄懂的难点，并做好下一周学习的规划。我很少和其他同学一样，放假后去逛街或去参加聚会，不只是怕浪费钱，更是因为没有玩闹的心情。也许对于别的同学来说，学习是一件可有可无的事情，学不好也不会影响自己的生活，但对我来说，学习就是我的全部，是我未来在社会上立足的根本。

在卫校学习期间，我几乎没有迟到过，除了生病之外，我也没有向老师请过假，自律的学习生活给了我应得的回报，我也以优秀的成绩从卫校毕业。

直到现在，我还是坚信，只有对自己狠一点，才能够更加接近成功。不分职业，也不在乎你是聪明还是愚笨，最重要的是你敢不敢逼自己一把、对自己狠一点。

在和朋友聊到自己理想的生活时，朋友总会这样抱怨：“我觉得我已经很努力了，不比别人差到哪里去，可是为什么还是过不上自己想要的生活？”“我比别人更加辛苦，为了工作，每天起早贪黑，没有一点自己的业余时间；为了挣更多的钱，每天累得走不动路。我都这么努力了，可是为什么还是这么失败呢？”

“对自己狠一点”并不是盲目而没有规划的。“狠”也要讲究技巧。只有合理规划自己的人生，给自己设立严格的标准和要求，并且坚定不移地去实施自己的计划，才能达到想要的效果。

在我看来，狠是一种意志，一种百折不挠的坚强决心，也是一种骨气，一种活着就要活出尊严的气节。在这个世界上，没有人能躲避挫折与坎坷，更没有人能够不经历痛苦。每个人都可能有境况不好的时候，都会遭遇人生低谷。而人生的不同经历，就在于每个人不同的选择，选择逆来顺受，就会在困境的沼泽里不断挣扎，选择对自己狠一点，逆风飞翔，最终会挣脱困境的束缚，飞向更广阔的天空。

拼搏后，自己也能羡煞旁人

在卫校学习的最后一年，我得到了一个去医院实习的机会，虽然没有工资，但我依然十分珍惜，因为我知道，任何机会都可能会改变我的生活，只要我足够努力。

来到医院以后，我被分配到一名带教老师的身边，其他同样来实习的同事也有了自己的带教老师。那时，和我同一批来到医院实习的护士有 20 多个，而最后能够留在医院的一定是其中的极少数。我知道，接下来我要面对的，将是一个艰难的挑战。

在医院的实习工作无疑是十分辛苦的。通常我需要在早上 7 点半来到科室，和带教老师一起去做晨间护理工作。如果有病人要求换床单被罩，我就需要去储藏室取来新的床单被罩给病人换上，再将换下来的床单被罩放到回收桶。如果发现昨晚用过的仪器没有放到储物室，我也需要将其搬到储物室。此外，如果带教老师手里有测血糖、血压、体温等工作，我也需要帮老师完成这些工作。

而这样忙碌的状态不仅仅在早上，而且是在工作的整个时间段里。必要的护理工作要完成，老师的指导培训要参加、病人家属的咨询要解答，甚至其他带教老师安排的任务也要完成。在这种忙碌的状态下，我经常一上午都喝不上一口水。

但我并没有抱怨，因为我知道，在这个陌生的医院里，我没有任何朋友，也不像其他实习护士一样还有退路，我唯一有的，只有自己的坚持和努力，我也只能凭借自己的坚持和努力，在医院里立足。

因此在实习的时候，什么脏活累活我都愿意干。别人不愿意帮病人换脏床单，我愿意换；别人不愿意搬沉重的设备，我愿意搬。甚至别人不愿意值夜班时，我也愿意和他们倒班。很多实习护士下班之后都去逛街了，或者回去看电视了，而我还是选择在医院里面多加班，积极主动地去加班，做别人不愿做的脏活累活，从更多的实践中获得成长。

在我辛勤忙碌的时候，也有一些人悄悄说我傻，说又没有工资挣，为什么要这么卖力啊。听到这些，我也只是笑笑不说话。我进医院实习是在 2009 年，那时候进公立医院是十分不容易的，而相比家境优渥的其他实习护士，无论是工作前进的助力，还是工作不顺的退路，我的家庭都不能给我提供任何帮助，我只有靠自己。我当时心里的目标是很清楚的，我只有做得更多练得更多，那么未来我才有可能有能力和本事得到公立医院的认可。

别人不明白我的苦衷，我却不能随波逐流，因为对于我来说，更多的努力和辛勤的工作是我能够付出的全部。当时的我只有一个念头，我虽然在家世背景上不如别人，但是我努力的程度一定要超越其他人，只有这样，我才能够做到比别人强。

为了能够在众多的实习护士中脱颖而出，我不仅愿意多干活、愿意干别人不愿干的活，而且积极把握机会，向医院展示自己的能力。

有一次我和我的老师一起值夜班，因为老师生病了，只能在值班室休息，我也只能单独值夜班。没了老师的陪伴，我并没有胆怯，也没有慌乱无措，反而多了些兴奋和期待，我相信自己一个人也能够值好班。

在整个值班过程中，我顺利解决了和病人之间的一些冲突，并把所有该做的事情安排得井井有条。整个晚上，住院部都没有发生问题，顺利地和之后的同事交了班。第二天，我的老师知道这件事之后，对我表示了赞许，并将这件事情告诉了整个科室的同事。后来，这件事就慢慢在医院传开了，渐渐地，所有人都知道有一个叫梁宸瑜的实习生专业技能很强，甚至我们医院的院长也知道了这个消息。也是从那个时候，我开始明白了一个道理，那就是一个人想要在社会上立足，就永远要让自己的实力大过自己的名气。

由于我在实习期间的出色表现，最后我幸运地拿到了医院和我正式签订的合同，也实现了自己的目标。11 年前的我，成功地穿过一片荆棘丛林，获得了暂时的成功，我的生活也获得了暂时的平静。

直到现在，有一些对未来感到迷茫的朋友问我该怎么做时，我都会和她们讲述我在医院实习的故事。当时的我没有任何助力，也没有退路，有的只是自己的努力和拼搏，最终走向了成功。而更多的人之所以迷茫，不是因为无路可走，而是因为可走的路太多，想选择又怕选错了方向。这时，你需要做的就是倾听自己的内心，明确内心真正的渴求，同时，一旦确定方向，就不要犹豫、不要后悔，而是努力为之拼搏，总有一天，你会看到属于自己的一片天。

要收获什么，就先种下什么

刚刚来到医院实习的时候，我不是没有痛苦过、迷茫过，为此前梦想的落空而痛苦，为将来的道路而迷茫，但我更知道，只抱怨不作为是没有用的，要想有收获就必须有行动。正如“要收获什么，就先种下什么”，我们要以现在的努力改变自己未来的生活，不要让未来的自己讨厌现在的自己，没拼搏过的青春不叫青春，没奋斗过、坚持过，也不配成功。

对我来说，在医院实习的过程中，除了每天要做各种各样的工作外，还要处理好和病人的关系，以温和的态度对待病人。即使是病人有错在先或是对我的工作存在偏见，我也会安抚病人的情绪，把委屈咽进肚子里。

那是我刚到医院的时候，我在老师的指导下去给一个病人打针，谁知刚拿起针筒，那个病人就开始嫌弃了：“你这么年轻不会是实习生吧？我不要实习生给我打针，我不想当小白鼠，换个人给我打吧。”

我本来是怀着一颗真诚的心来给病人打针的，并且我对自己打针的技术也比较自信，于是就劝道：“您别担心，虽然我是实习生，但我实践经验也很丰富，打针肯定没问题的。”

可对方却不相信，只说我是骗人的，一定会打不准或者打得很疼，并坚持要换人。无奈，我只得出去将这件事告诉了老师，最后老师给这位病人打了针。

无论是打针这种事情，还是在其他事情上，很多病人并不相信我这个实习生能够将事情做好，我只能耐心地解释，一遍遍地证明自己。

还有一次，早上9点左右我给住院部的病人量血压，卡在了5号床的病人这里。5号床的病人是一位老大爷，听到我报的测量结果的时候眼睛一瞪：“你这量得准不准啊，和我昨天量的差得有点多啊，不行，再给我量一遍。”

我又给他量了一遍，结果和上一次差不多，这时老大爷更生气了：“你到底会不会量啊，你要是不会就换个人来，我昨天血压可比这个高，从没像今天这么好过。”

看着气呼呼的老大爷，我只能压下心中的委屈，向他解释道：“老人家您消消气，人的血压每天都是波动的，再说，您来医院调整血压，总得有些效果，是不是？不是我测得不准，是您的治疗有效果了。”

听到我的解释，老大爷总算被安抚住了，我也得以脱身去进行其他工作。

类似这样的事情我不知遇到过多少，每次我都是先安抚病人的情绪，再默默消化心中的委屈。我知道，要想成为一名优秀的护士，护理技术很重要，对病人的态度同样重要。我必须有勇气直面一些人对我的偏见和误解，以积极的态度面对我的工作，用出色的工作表现证明自己的能力。

我知道，要想收获自己想要的成果，就必须付出足够的努力。就像你种下一棵树苗，要想获得果实就必须不断地浇水、施肥、呵护树苗的成长，只有树苗顺利长成大树后，你才能收获甜蜜的果实。在实习的过程中，无论遇到怎样的压力和挫折，我都从未想过放弃，我知道，要想收获成功，就必须经受住成功路上的这些坎坷。

在奋斗之路上，也许我们都曾崩溃过，因为挣不脱的困境离自己的目标越来越远；也许我们都曾抱怨过，在生活被困窘无奈填满时，没有一根救命稻草；也许我们都曾无助过，当工作生活的压力砸过来时，没有一处温暖的港湾可以躲避。但是，一定要相信，这些艰难困苦都是暂时的，只要我们能够坚持，能够继续奋斗，终会迎来光明的未来。

没伞的孩子，必须更努力地奔跑

11 年前，在我被医院正式聘用之后，我成了我们家族第一个也是唯一一个得到“五险二金”的人，我不仅证明了自己，也第一次成了母亲的骄傲。

我和妹妹年幼时，不知受过多少轻视和委屈，母亲也遭受了不少白眼。而当我得到这份来之不易的稳定工作时，那些曾经轻视过我、劝我母亲再生个儿子的人，也都转变了自己的想法。

那时，我刚刚和医院签订了合同，就打电话将这个好消息告诉了母亲，母亲十分激动，更为我感到高兴，说等下次我放假回家要给我做大餐。

我放假回到家的那天，母亲和往常一样，在村口等我。一见到我，母亲就给了我一个大大的拥抱，嘴里激动地喊着：“乖女儿，你出息了。”说罢就抢过我的行李，拉着我往家走。一路上，母亲絮絮叨叨，问我的身体、我的工作，又说家里一切都好。

等到了家，父亲难得地没有出门，正在厨房摆盘，见我进门便招呼我快洗手吃饭，虽然父亲没有多说什么，但从他高兴的语气中我也感受到了他的开心。

这顿饭可以说是此前将近一年的时间里家里做得最丰盛的一顿饭，炖菜、炒菜、凉菜，三个人的一顿饭，母亲做了八个菜。饭桌上，母亲不断给我夹菜，让我多吃点，同时还嘱咐我，即使现在有了正式工作也不要懈怠，要处好和同事间的关系。这些叮嘱的话母亲说了不止一次，我却一点也听不腻。

下午的时候，我和母亲出去散步，路上遇到了两个亲戚，打过招呼之后，两人又问我的近况，母亲一脸喜气地将我被医院正式聘用的消息告诉了对方。两人也十分欣喜，夸赞了我两句，又对母亲说，“羡慕你啊，生了这么一个有出息的女儿”，“是啊，以后闺女有能力孝顺你，享福喽”。

听到这些，母亲脸上的笑容越发灿烂，曾经被岁月摧残留下的皱纹也舒展开了。我看着母亲难得一见的灿烂笑容，只觉得工作中的一切辛酸劳累都一扫而空，让母亲扬眉吐气，不就是我努力的意义吗？这也是我人生中第一次觉得，我终于为母亲争了一口气。

回想这一年的实习时光，我过得并不轻松。在医院里，我尽职尽责，不仅做好自己的本职工作，还不时地向其他同事提供力所能及的帮助，同时我也经常反思自己的工作，思考自己在护理技能以及与病人沟通方面有哪些需要提高的并及时调整。

放假回到家的时候，我也会一如既往地帮父母做家务、做农活。有时候，我也会和父母分享一些工作中的趣事，但我从未向他们讲过我工作中的辛劳和委屈，一方面是不想让父母担心，另一方面是因为我知道没伞的孩子，必须更努力地奔跑。我没有别人那样优渥的家庭，我想要的一切，都需要自己去争取，所有成功路上的风雨，都需要自己承担。正是因为深刻明白这些道理，所以我不会和父母诉苦，我只会逼自己努力、更努力，只有更加努力，才会超越他人获得成功。

我只是生活在普通家庭中的孩子，人生起点并不光彩夺目。我在面对狂风暴雨时，没有能够隔绝风雨的大伞，只能自己努力在雨中奔跑。在现实生活中，很多人和我一样，都是没有伞却刚好碰到倾盆大雨的孩子。我们都很普通，普通到这个世界会遗忘我们的存在，不是我们低调，而是没有高调的资本。

我们不是天生的“白富美”“高富帅”，没有傲人的学历，也没有显赫的家庭，就连供职过的地方，都可能是沉寂无名的小单位。我们每天都过得很平凡，但是我们不能停止奔跑。

我很乐意去迎接每天的挑战，去接受每一个让我心惊胆战的考验，一次又一次，成功和失败如影随形，眼泪和汗水相互交织。不是我们没有选择，只是我们选择了一条障碍更多但终点更加辉煌的路，没有伞的孩子只能努力向前奔跑。

人生就像一场牌局，抓到什么样的牌我们无法决定，而这不是最重要的，最重要的是，我们如何将手中的牌打好。很多人看到如今成功的我，也会和我说，“羡慕你啊”，“你真厉害，如果我是你的话不知道要怎么坚持”。其实只是因为我更早地看透了自己的处境，更愿意坚持向前奔跑，才有了现在的我。所谓坚强，是生活的磨难、对成功的向往逼出来的坚强；所谓幸福，是不断奔跑、熬出来的幸福。

第三章

在命运的十字路口，我迈向了人迹罕至的方向

在获得了医院的工作之后，我的生活难得地平静了一段时间，但是很快，我就开始陷入痛苦的纠结中。最终，我决定从安逸区中走出来，走向了人迹罕至的地方。虽然前路迷茫一片，但我怀揣着心中的信念，还是决定要闯一闯。

在计划落空的那一刻，我开始了反思

2012 年末，我已经在医院工作 3 年多了，其间，因为珍惜这来之不易的工作，我始终干劲满满，得到了不少领导和病人的称赞，工作也越来越得心应手。

工作的同时，我始终没忘记我的初衷、我的信念，那就是回报我的母亲，于是我计划年假时带我的父母到四川九寨沟去旅游。在确定了这个想法后，我就开始了准备工作。我计划从广安先到成都再到九寨沟，这样也能够带父母去成都逛一逛。确定了路线后，我列出了一路上要去的景点、可以选择的酒店和交通方式。

到这里的时候我才猛然发现，旅游的花销太大了，大到超乎我的想象，也超过了我的存款余额。在计划旅游之前，我只对花销有一个模糊的数字，而当我一笔笔算出旅游可能会有的花销后，才发现这根本是一个我难以负担的数字。

那一瞬间，我真的是崩溃的，不想相信工作几年的积蓄连一次旅游都负担不起。我拿着笔在纸上写写画画，画掉了去成都的路线，画掉了许多景点，最后只留了一个孤零零的九寨沟。更让我难过的是，即使是只去九寨沟，我的积蓄也不够出行的花销。

我忍不住崩溃大哭，将画满叉的纸团成一团，扔进了垃圾桶里。一直以来，稳定、得心应手的工作让我沉溺在了这片安逸区，万万没有想到一次旅游计划就打破了这层薄薄的幸福。

第二天上班的时候，我破天荒地没有什么精神，同事看到我的样子，问我是不是身体不舒服，我摇摇头，我不是身体不舒服，而是心里不舒服。

午休的时候，我看着忙碌的护士长，心想着如果我一直做护士这份工作，最好的出路就是成为一名护士长，而成为护士长并不是一件容易的事。更重要的是，护士的一步步升职是艰难又缓慢的，我可能在未来的几年之内一直是护士，也可能永远做不成护士长，但我的母亲却在一天天老去。

一想到这里，我的心里仿佛燃起了一把火，在灼烧我的心。我控制不住地焦虑，如果我成长的速度追不上母亲老去的速度，那将是一件多么可怕的事情啊。

那时，我们科室的护士长已经 50 多岁了，她也是一步一个脚印晋升上来的。而当时的我才 22 岁，一想到我要连续工作 30 年才可能成为一名护士长，并且这 30 年的时间里都要过着这种一眼望得到头的、一成不变的日子，就觉得十分恐怖。想通这一点之后，我对我的工作也没有什么期待了。

也就是从那一刻开始，我决心改变自己的生活，我想要更快地挣更多的钱，更早有能力回报我的母亲。

这个时候，我的一个同事的遭遇也让我更加坚定了这个想法。我的这个同事比我年长几岁，已经结婚生子，虽然职位比我高，但工资也并不多。这段时间，她的小孩子一直在生病，为了照顾孩子，她请了不少假。对她来说，请假能够照顾孩子，但失去的工资也很让她心疼，家里积蓄本就不多，现在更是多了一大笔花销。而不请假是能够多挣工资，但孩子没人照顾也很让她心疼。每每说起此事，她都要叹一番气。

我不禁又想到了自己，我现在没有结婚也没有孩子，生活的压力没有这么大，但如果有一天我有了家庭有了孩子，我有能力支撑起这个家吗？而答案大概率是，我不能。况且，我还要照顾我的父母。

万幸的是，我还年轻，我还有奋斗的资本，即使前路坎坷，我还有一往无前的勇气和可以奋斗的时间。但是现在，摆在我面前最大的问题就是，我究竟该怎么做？我能怎么做？

在之后的一段时间里，我不断反思自己的工作和现在的生活，越发觉得自己竟是如此无力。在这样的认知下，我越来越焦虑，想快一点改变自身的处境，但同时我又十分迷茫，不知道自己应该怎么做，不知道自己的未来在哪里。

伴随着这种焦虑，我也产生了一种勇气。我想走出舒适区，去探索未知的领域，哪怕这个领域满是荆棘，我也要去闯一闯。这个时候，对于急于改变的我来说，最需要的就是一个能够改变自己、改变生活的机会。

勇敢挥别过去，踏往未知

很快，一个机会就出现在了我面前。2013 年时，我在 QQ 上看到曾经的一位学长发布了一则动态，说他今年的目标是要帮助团队 10 位以上小伙伴月入过万。当时这条消息着实让我吃了一惊，要知道，当时我的工资加上值班费和各种补贴，也才 4000 元左右，不知道学长在哪家医院上班工资这么高。

出于好奇，我联系了学长，学长很快回复了我，他说他现在已经辞职，不在医院工作了，动态里说的帮助小伙伴月入过万的事情，指的是另一种工作——招商演讲。

这是一个我以前从未听说过的、崭新的工作领域，但同时也是一个新的机会。我和学长聊起了我当前工作中的焦虑，学长感同身受，并劝我可以考虑辞职来做招商演讲。我虽然对这个陌生的工作感到十分好奇，但同时也没什么信心，毕竟在此之前我从未接触过相关的工作，完全不知道这个工作具体需要做些什么。

学长了解了我的顾虑后，不仅给我讲解了很多关于招商演讲的知识，还给了我很多鼓励："你现在做护士的医护知识是天生就会的吗？都是你读书上学时学来的对不对？既然配药、打针等技能可以学会，为什么演讲不能学会呢？"

听完这番话，我最终坚定了自己的想法，决定勇敢地放手一搏。是啊，在做护士之前，我并不能确定自己能够成为一名优秀的护士，但是通过自己的努力和坚持，最终获得了成功。同样地，既然护士的工作我可以做好，招商演讲的工作我也相信自己能够做好。

在心中做下决定后，我在一次放假回家时和父母说了这个想法。哪知，最爱我的母亲第一个开口反对："不行，你不能辞职，你想想你的工作是你多么努力、多么幸运才得来的，怎么能这么草率地辞职了呢。”说罢，母亲又顿了顿：“再说，你要想一想演讲工作适不适合你，你连普通话都不会说，要怎么做演讲嘛。不要只看别人怎么样，适合别人的工作不一定适合你，你不要头脑一热就辞职，到时候可没有后悔药吃。”

父亲和母亲一样，也不同意我辞职去做招商演讲：“你现在的工作就是多少人羡慕不来的，好好做你的工作就行了，演讲这个工作你又不熟，不要再冒险了。”

父母又絮絮叨叨地说了很多，总之就是不同意。我知道，在父母眼中，我现在的工作稳定可靠，说出去名声也好听，是他们眼中最完美的工作了。而做招商演讲既要经受风吹日晒的艰辛，又没有相对稳定的收入，远远不如现在安逸。此外，如果我去做演讲，那么就需要去到从未去过的成都工作，离家太远，这也十分让父母担心。

我和父母讲了我的想法、对生活的担忧，父母却难以理解，在他们看来，平平安安才是福，平平淡淡才是真，贸然做冒险的事只会竹篮打水一场空。其实，我又何尝不知道我这么做的风险呢？但相比未来未知的风险，我更不想继续当下的生活，未来是有风险，但是也蕴含着希望，只要我不放弃，就一定能够走向成功。

坚定了这一想法后，不顾父母的反对，我毅然向医院提交了离职申请。我之所以这样坚持这件事，就是因为怕自己将来后悔。毕竟人生是一条单行道，如果我现在选择了放弃，将来只能追悔莫及。

人生是一个不断选择的过程，每一种选择都会带来一些东西，同时也需要我们放弃一些东西。人生路上，总会经过一些重要的十字路口，让人困惑迷茫、不知该何去何从。我们心中有自己想要到达的地方，但是身边的人都在劝我们：“不要去！那里不适合你，你现在这样已经很好了。万一你没能到达你想去的地方，又回不到现在了该怎么办？”

这时，我们就需要排除繁杂的干扰，聆听内心深处的声音，遵循自己最真实的意愿做出决定。这样，无论未来经历怎样的风雨，我们都能够不后悔，在未来经历成功时，我们也才能更喜悦。正如我此时做出的这个决定，即使未来之路充满坎坷，我也一定要走下去。

出路出路，走出去才有路

明确了自己的选择之后，我很快就辞职了。这就是我的性格和原则，只要我想做这件事，我就会马上去做，绝不会拖拖拉拉、拖泥带水。

医院的同事知道了这个消息后，都十分震惊，在她们看来，我一直工作勤勤恳恳，对工作十分热爱，并且同事间的关系也很融洽，完全没有离职的理由。几个同事问了我将来的计划，我也将想出去闯荡一番的想法告诉了她们。

有的同事认为我的做法太傻，一旦从医院出去了，就要经受社会的风吹雨打，不仅生活不稳定，闯荡失败后也没有退路。也有的同事十分钦佩我的勇气，表示自己也十分向往外面的世界，但没有勇气走出去。

我理解她们对我的劝解，也理解她们的想法。有的人终其一生都在追寻一个舒适区，或者十分享受舒适区的生活；有的人却更热爱冒险，更爱远方未知的风景。这两种选择没有对错之分，只是不同的人想法不同，选择也不同，而我就属于后者。

对我来说，人生的美妙就在于它的不确定性，太过安逸的人生，无疑会失掉很多色彩。所以我才有勇气放弃安逸的工作和生活，冒着风险探索未知的世界。我不是不知道未知世界的艰难险阻，只是我有即使付出超过别人十倍百倍的努力也一定要成功的信念。

路是走出来的，不是想出来的。如果我们对现状不满意、想要去改变，又不想突破之前投入感情和心血建立起来的舒适区，就会将自己困在郁郁不得志的生活中。走出去，不一定是要到达什么特定的地方，而是要有勇气改变自己颓废的现状，勇敢迈出第一步。

走出去不仅仅是改变生活现状，寻找新的机会，更重要的是找到自己的定位，树立起人生的新目标和新方向。别在一个让你痛苦的地方去折磨自己，别跟自己的幸福过不去，痛了就走出去，外面是通往罗马的条条大路。

不要惧怕自己的渺小，临阵脱逃才是真正的弱者

其实，在辞职之前，通过和学长的沟通，我已经有了一个初步的计划，那就是去学习招商演讲，同时，学长也告诉我成都就有专门的经理在招人做培训，并说我可以去试试。

辞职之后，我独自一个人拖着行李箱，离开了广安，来到了成都，开始了我的寻梦之旅。在路上的我热血澎湃，但到了候选现场，我的心就凉了一截。我本来以为学员不会太多，但到了现场才发现，现场竟有 20 多个和我年纪相仿的学员，都是来学招商演讲的。这时，我就感觉到比较大的压力了，因为对于招商演讲，对于其他学员，对于接下来发生的一切，我都一无所知。

所有人到齐之后，负责的经理就带我们去吃饭了。现在想起来，那个饭局其实是一场变相的面试，只是当时的我太忐忑了，根本想不到这么多。在餐厅落座之后，20 多个人坐了两大桌。点完菜，在等菜的空当，经理便叫我们轮流做自我介绍。

刚开始时，我还没有意识到危机，直到周围的人一个个站起来用流畅的普通话做自我介绍时，我才意识到问题的严重性——我根本不会普通话。

周围的人一个个站起来，自信、流畅地做着自我介绍，经理也认真地听着，不时地点头微笑。看着这些落落大方的同学，我瞬间感受到了极大的落差感：为什么大家都差不多大，别人讲得那么好，我却

连普通话都不会说？

我越这样想着，越紧张，根本不会想着组织语言应对即将到来的自我介绍，而只是想着能不能找个地缝钻进去，或者幻想着能有一个电话把我从现场救走。但现实是，我无路可逃。

轮到我做自我介绍的时候，我紧张得不知道该说什么，只站起来小声地说道："我叫梁宸瑜，来自四川广安。"然后就坐下了。和其他同学自信、流畅的自我介绍相比，我的自我介绍不仅干巴巴的，语调还带着浓重的四川口音。

我能感觉到，当我坐下以后，周围的人瞬间安静了，可能他们都没想到我会表现得这样差劲。我不敢向周围看，只怯怯地抬头看了一眼经理，经理面无表情，没有对我点头也没有对我笑。我心里咯噔一下，一股绝望瞬间涌上心头。

果然，饭后，经理就对我们这些人做了安排，为同学们指派了培训的老师。而我因为自我介绍时的差劲表现，连一个培训的机会都没得到，只被分配了一些打杂的工作。在接下来的一段时间里，我就在一个联通的营业厅里打杂，帮客户处理售后问题、交话费等，还要打扫卫生，而且这些都是免费的，我挣不到一分钱的工资。

这让我感到十分挫败。我满腔热血辞职来到成都，身上背着辞职的压力、父母反对的压力和对未来迷茫的压力，结果来到这里就做这些打杂的工作。其他同学都有联通公司的金牌主持人、招商演讲的老师带，有老师给他们讲招商演讲要讲什么、怎么讲等，帮助他们训练，但我连培训的机会都没有。

这让我深刻地认识到了自己与别人之间存在的差距，也让我陷入了自我怀疑之中：是不是我天生就不是干这份工作的料？当初冲动辞职是不是一个错误的决定？我还应该继续下去吗？想想父母对我的责备，想想一些人在知道我辞职后投来的嘲讽的目光，我真的坐立难安，想着，要不还是回去，回医院做护士好了。

但我又想到，现在我已经辞职了，并且在亲人朋友面前表明了自己出去奋斗的决心，如果我就这样灰溜溜地回去了，我该怎样面对大家的目光？我的母亲又会遭受多少白眼？而且，一旦我背负着这个失败回去，这个失败就会成为我一生的耻辱，会时时刻刻提醒着我“我不行”，这些都是我难以忍受的。我不能回去，我没有退路，我只能硬着头皮前进。

想通了这些，我就不再想东想西了，毕竟多想无用，既然已经走到了这一步，就干脆做到底，为自己选择的路负责到底。

于是我便制订了一个大致的计划，其他人有老师带，有老师主动教，我虽然没有，但我可以更主动、更努力地学。一个月不行我就学两个月，两个月不行我就学半年。抱着这样的心态，我做好了打持久战的心理准备。

而这时最大的问题就是我的手里并没有多少钱，为了省钱，我住进了一个不到 10 平方米的隔间，里面只能放得下一张单人床，狭小的空间让人十分压抑。但我却不在乎这些，经此一事，我意识到了自己有多么渺小，现实的残酷轻易就能将虚幻的梦想击破。但我不想退缩，不想做临阵脱逃的弱者。在演讲方面，我的确有很多劣势，但我可以比别人更努力，用自己的努力补全自己的缺陷。我相信，只要我坚持不断努力，即使缓慢，也能够最终走向成功。

与其抱怨，不如为自己骄傲

残酷的现实对着满怀希望的我泼了一盆冷水，让我瞬间从幻想中清醒过来。当我从此前的安稳生活一下子跌入现在的困境中的时候，我也曾灰心过、抱怨过。当看到其他同学能够在众人面前侃侃而谈的时候，我恨自己的自卑，当我看到其他同学能够在刚来一个多月就挣到第一笔工资的时候，我也抱怨过为什么我没有工资。

很多时候我都在想，从小到大，上学的时候我努力学习，上班的时候我努力工作，明明我已经很努力地在生活了，为什么还会遭遇这么多的坎坷?

每当想起过去，也会让我拥有更多的力量。我想，既然过去的坎坷之路我都走过来了，那么这次的磨难也一定能够经受得住，并且能够战胜它。

没人教我怎么办？没人教我就自己学。那时候，每逢节假日，我们都会去一些大型商场、游乐园中做户外路演招商，帮联通公司销售平板电脑、手机等产品。在活动现场，我一般负责打杂的工作，主讲老师在台上讲，我负责在旁边打包、填写业务单子、给主讲老师端茶倒水等。

为了能够学到演讲知识、锻炼自己的演讲能力，我会趁着在现场的机会，偷偷将老师演讲的内容录下来，然后再在工作之余自己偷偷地练。

晚上回到宿舍之后，其他同事都是在客厅里看电视，我就把自己关在小房间里面，整理白天老师的演讲。我会把录音一句一句放出来，再一句一句写在纸上，最后把老师怎么演讲、怎么主持、有哪些流程等都写到纸上。

将这些内容整理好之后，我就有了学习的资料。一开始学习的时候，我对招商演讲并不了解，也没有什么学习窍门，我能够做的就是死记硬背。当晚上同事们在看电视时，我在背诵；当放假同事们出门逛街时，我还在背诵。那段时间，我仿佛魔怔了一般，只要不工作，我就把自己关在自己的小房间里拼命背稿子。

背完稿子之后，接下来就是练。没有话筒，我就拿着牙刷对着镜子练，一遍遍地练，一遍遍地讲。讲到嗓子嘶哑、喉咙肿痛，我也没有放弃过训练。这时的我虽然没有一个观众，但我相信，我终会有自己的观众，也终会成为人群中的焦点。

正是因为当时的不断训练，才为我之后摆脱困境、走向成功打下了基础。

在遇到困境时，许多人的第一反应是抱怨，曾经的我也会这样，但抱怨其实是最消耗能量的行为。要想成功，我们就需要拒绝抱怨，及时开始行动。没有钱、没有经验、没有阅历、没有社会关系，这些都不可怕。没有钱，我们可以通过辛勤劳动去赚；没有经验，我们可以通过实践操作去总结；没有阅历，我们可以一步一步地去积累；没有社会关系，我们可以一点一点去编织。但是，如果陷入抱怨的毒障里无法自拔，不肯迈出行动的脚步，那么困境永远是困境，生活永远不会向着好的方向改变，只会越来越糟。

我们所选择的不一定是自己最喜欢的，但是尽管这件事或者这份工作不是自己最喜爱的，我们也要尽力去做好它。有时候我们拥有的并不多，也并不是最好的，但是只要能够充分地利用它，就总会做出些成绩。无论何时，处于何种境地，我们都要有勇气去打破它，只有行动，才能带来改变。

做到极致，不做“差不多先生”

有一类人，他们做事时的口头禅就是：“差不多就得了，那么认真干什么。”这类人常常被人们称为“差不多先生”。在做一件事时，努努力可以做到9分，“差不多先生”做到6分就不再努力了。诚然，“差不多先生”可以将事情做得很轻松，但是却永远无法成功，因为成功只会垂青足够认真、足够努力的人。

我就是一个喜欢将事情做到极致的人。一件事已经做到 9 分，我也会不断提高自己，向着 10 分前进。在我学习招商演讲的时候，我追求做到极致的事情有两件，一件是学习普通话，另一件就是练习演讲。

刚到成都的时候，我连普通话都不会说。之前一直在广安生活，生活、工作中讲四川话是十分常见的事情。而这，就是我学习演讲的第一道门槛。

为了练好普通话，在活动现场听老师演讲时，我会在心里跟着老师的讲话默念。平常休息时，我也不会追剧、追综艺，而是听《新闻联播》。在自己练习演讲时，我也会有意地模仿老师的语调，训练普通话的口音。

对于四川人来说，一些字的发音是发不出来或者发不准的，为了解决这一问题，在朗读一篇演讲稿时，我会把其中发音不标准的字词标出来，重点训练，一遍遍地说，一遍遍地纠正自己的口音，直到能够流畅、准确地读好稿子为止。

而在演讲方面，我也力求做到极致。开始时，我讲出来的话和背稿子没什么两样，没有感情，没有号召力，我自己听着都昏昏欲睡，更不要说打动别人了。

但是老师的演讲却不是这样的，老师的演讲里有感情、有故事、有号召力，有轻缓节奏，十分具有吸引力。为了训练自己的这种能力，我会刻意模仿老师演讲的语气、语调、口头禅等。练了一段时间，我发现我讲出来的和老师讲出来的还是有很大差距。为了解决这个问题，在老师演讲的时候，我就会注意听他这句话到底是怎么讲的，是什么样的语调、配合了什么样的动作、情绪状态怎么样等，然后在稿子上标注出来。

在训练时，我会很细心地研究每句话，讲这句话应该是什么样的语音语调，什么状态，什么情绪，哪里应该快一点，哪里应该慢一点，哪个地方需要配合动作等。通过这样的一遍遍训练，尽量完整地模仿老师的演讲过程。同时，在对着镜子演讲时，我也会观察自己的举止神态，分析自己在哪些方面做得不足，并不断调整。

在这种不断训练，不断调整之下，我的演讲能力也得到了长足的进步。我们每个人都做不到极致，但这并不妨碍我们追求极致，只有有了追求极致的心，我们才能够更加接近成功。

无论在工作中，还是生活中，我们都要保持追求极致的心态，拒绝做“差不多先生”。

很多时候，我们不是没有能力，而是没想过认真地对待一件事情，哪怕是一件特别小的事情。这种“差不多”心态会让人失去精益求精的毅力，丧失做事一丝不苟、追求完美的精神。

但事实上，可能一个动作、一句话都会影响整个大局，影响事情的成败。所以，在做任何事时，我们都要想：“做到这样真的可以了吗？”“我还能不能做得更好？”“如果我再努力一点，是不是会有更好的结果？”这样想着，我们可能会发现自己做得不足的地方，或者可以做得更好的地方，向着这个方向努力，将事情做得更接近完美，我们才会不断进步，才会更容易走向成功。

把日子过成自己想要的样子，而不是别人希望的样子

命运会将我们带入怎样的旅途我们无法左右，但是我们能够改变自己对生活的态度和努力的方向。无论生活多么艰难，我们都要向着心中的梦想进发。

我在成都苦苦坚持、努力自学的时候，从未想过放弃。那时，虽然我的生活很艰苦，但我的心中充满力量。而那时，我的父母，包括我的大部分朋友，都不理解我为什么会辞掉护士这一稳定的工作，去学自己根本没接触过的演讲。

一天晚上，母亲给我打电话，看到母亲的来电显示时我的心一暖，眼眶瞬间就红了。在我无依无靠独自挣扎的时候，只有我的母亲还在惦念我，父亲几乎不会给我打电话。

接起电话，我和母亲聊了起来，当她问我近况的时候，我没有和她说我的辛苦和委屈，即使说了，也只是白白让母亲担心。这次打电话来，除了关心我的近况外，母亲还和我说家附近的一个诊所正在招

护士，薪资和我在医院的时候差不多，让我考虑一下要不要回家面试。

在我离家之前，一向爱护我的母亲第一次对我发了脾气，而现在，电话那头母亲的声音温柔又恳切："瑜儿，你不为妈妈考虑，也要为自己的以后考虑啊，你这样冲动地辞了这么好的工作，以后可怎么办？"母亲叹了口气，又说道："现在我好不容易打听到这个诊所在招人，离家近，工资也不低，里面的医生护士都挺好相处的。我问了那儿的医生，人家说像你这种在公立医院工作过的护士是面试的首选，肯定能通过的。这是多好的机会啊，你要把握住啊。"

听着母亲恳切的劝说，我的心中既感动又愧疚。我知道母亲都是为了我好，怕我以后的日子不好过，我感动于母亲对我的爱，同时也因为自己让母亲这样挂心而愧疚。我仰了仰头，不让眼中的眼泪掉下来。虽然我理解母亲，但我还是要坚持自己的选择："对不起，妈妈，我知道你是为我好，但我还是想做自己想做的事。"

"唉，你这孩子就是倔，既然你想去外面闯，妈妈也不拦你。妈妈只要你记住一句话，无论你在外面成功了还是失败了，无论你什么时候想回家，妈妈都在家里等你，迎接你。不想在外面闯了，就回家，记住了吗？"

"嗯嗯。"眼泪最终还是没有忍住，我一边应声，一边擦泪，怕母亲听出来我哭了，便匆匆挂断了电话。

挂掉电话之后，我默默哭了许久，我理解母亲的想法，但更坚定自己的信念。我知道，在母亲眼里，在大多数人眼里，一份护士的工作是十分体面的，即使不在医院做护士，在诊所做护士也远比我现在的工作好得多。但我知道，那只是别人希望我过的日子，不是我自己想过的日子。

我们自己是什么样的人，想要过什么样的生活，不需要别人来指手画脚。世界上的人什么性格、什么喜好的都有。坚持自己的个性，总有一天会吸引到生命中的有缘人。人是很容易被别人的话催眠的，但我们每个人都依然要努力保持清晰的思维，不被别人的话所左右，坚持自己的立场，坚持过自己想要的生活。

我也曾和朋友聊过这件事。我对她说："我喜欢做自己感兴趣的工作，不会因为哪个行业前途光明就强迫自己做哪个行业。我不图名不图利，只要自己在工作中能够开心就满足了。"而朋友却不认同我的观点，她说："你这样做是对自己的不负责，也是对父母的不负责。父母养育我们长大成人，我们就应该努力赚钱，给他们提供更好的生活条件。将来你也要结婚生子，也要为孩子的成长环境考虑。"

我明白她的意思，却并不认同。该负的责任一定要付，但负责任的方式并不止一种，我们只有对自己的生活认真负责，才能够更好地对家人负起责任。

这时，正好我老家的一个也在成都工作的邻家姐姐邀请我去她家做客。不同于此时身处困境中的我，这位邻家姐姐是一个实打实的女强人，已经在成都打拼了五六年。

她邀请我到她家做客，这让我欣喜不已。走进她家的时候，我对她的看法产生了更大的改变。她的家给人一种温暖又素净的感觉，有着光线正合适的落地窗，窗外面是一片绿油油的草地。屋内是柔和的木质地板，天花板是淡蓝色的。简洁的搭配和装饰让整个房屋显得清爽而舒适。

她的家中没有过多的摆设，甚至没有电视。我问她，没有这些不会觉得无聊吗，她却说觉得没有必要，自己又不喜欢看电视，无聊的时候就会出去运动或者在家看看书、动手做些甜品。人生就这么短暂，在力所能及的范围内把生活过成自己想要的样子就已经很好了。

在这个信息化快节奏的时代，她竟然能将自己抽身出来，享受属于自己想要的宁静生活，这怎么能够不让人敬佩呢？

我也和她讲述了自己的困惑："做自己喜欢做的事，会为身边的人带来很多的困扰吗？"她说："只要自己过得开心就好了，为什么一定要和别人比较呢？当你做出了选择，就说明在你的心中觉得它更重要。如果是这样，就不要犹豫，生活是为自己而过的。同样地，我们没有强制要求你去做什么，也说明在我们的心目中，你选择自己真正想做的事比较重要，那么你就不必为这种问题而忧心。"

听完这番话，我更加坚定了自己的想法。既然已经做出了决定，何必瞻前顾后呢？我喜欢做当下热爱的事情，那就大胆地去做。在不同人的眼中，幸福的生活有不同的标准，如果一味地追求和别人一样，那可就永无止境了。

现实生活中，又有几个人能够把日子过成自己想要的样子，而不是别人希望的样子？有人说，在每天我们睡去之前都应该回顾一下做过的事情，是否真的遵从了自己内心的生活。如果有任何时候和任何事情不是自己想要的样子，那么在第二天太阳升起之时，我们就要努力用自己满意的生活方式去度过新的一天。当我们真的每天都在创造新的事情时，就会更清楚地发现和意识到，原来这就是我们想要的生活。我们要为自己想过的生活坚持下去，不要活成别人口中的模样。

跳出恐惧的牢笼

在独自学习演讲的这段时间里，我的日子极其难熬。这种艰难不只是生活上的艰难，更是心理上的艰难。我虽然在努力地练习演讲，但我并不知道自己学得怎么样，更让我恐惧的是，内向自卑的我无法想象自己应该如何在众目睽睽之下演讲，一想到几十甚至几百双眼睛都落在我身上，我的心底就会控制不住地生出一种恐惧。

那时，我自学演讲的事情在公司并不是秘密，一些同事听到我练演讲，也会时不时地指点我，而也有一些同事，在知道这件事后嗤之以鼻，只觉得我不自量力。

一次假期休息的时候，同事们大多都出门玩了，我趁机来到洗手间，在洗手间的大镜子面前开始了我的演讲练习。正当我沉浸在演讲中，讲到高潮处时，门外突然传来了“砰砰”的敲门声，同时还伴随着一句大喊："进去多久了，怎么还不出来，别人等着用呢！"

我赶忙开了门，同事瞪了我一眼："在自己的房间不能练吗，非要到洗手间来。"我没说一句话，打算回房间了。谁知同事又转过身来，一脸轻蔑地看着我："要我说，你也别练了，练了又能怎么样？你有机会在台上演讲吗？你有勇气在台上演讲吗？"

听到这些话，本就心情不好的我心里更加难受了，只说了一句"我先回房间了"就匆匆离开了。回到房间，我沮丧极了，虽然不愿意承认，但我还是知道，对方说的都是真的，我没有上台演讲的机会，更没有上台演讲的勇气。一想到上台演讲，我的心中只有恐惧。

同时，我也知道，要想成功，就必须克服心中的恐惧，而要克服恐惧，就必须直面恐惧。

为了直面我对演讲的恐惧并战胜这种恐惧，除了自己在工作之余多练习外，我还十分珍惜在演讲活动现场的机会。

在活动现场，工作不忙的时候，我会认真听主讲老师的演讲，并在心底默默复述，同时我也会认真观察台下观众的举动、表情等，幻想自己正在台上演讲。当我在心底默念稿子的时候，我会认真盯着台下观众的目光，幻想这些人都是我的观众。

在一遍遍的训练中，我知道了我该怎样从头到尾地进行一场演讲，知道了该怎样和观众互动，知道了整个演讲的流程。当我幻想自己在台上演讲时，我甚至能够描绘出讲到哪一句我该用什么样的动作去表现。

到这时，我坚信我能够做好一场演讲，我需要的，只是一个机会。

正是因为勇于直面恐惧，我才成功地克服了恐惧，跳出了恐惧的牢笼。不只是我，我们每一个人都需要直面生活中的恐惧。要克服痛苦，你就必须渴望它。当你渴望某些东西时，你就会向它靠拢，而痛苦就会收缩。

我们需要心无旁骛地专注于一直在试图逃避的痛苦。当我们面对恐惧的时候，把它形象化为一片乌云，并默默地在心里大喊："来吧！"然后，我们越过这片乌云，去往一片由纯洁之光照耀着的领域。一遍又一遍地这样做，直到我们提升了自己的信心并准备好了随时采取行动。

如果我们能走出恐惧，掌握抉择的机会，就能实现我们所梦想的生活。当我们抛开批判的心，不再恐惧别人的眼光，不再退缩，就会活得更自在。不要再把自己困在恐惧的牢笼里，而是走出来，直接面对它。给自己施一个新的咒语，我们就将拥抱痛苦，并且那痛苦会让我们自由。每当你觉得自己逐渐在痛苦或恐惧中迷失，就让自己停下来，并试试这个方法，一直继续下去，直到达到你期待的放松状态。

有时，人需要为难一下自己。我们总要敢于面对某些东西，甚至明知不可为而为之。真正站在它面前时我们就会发现，其实，它们并不像我们曾经以为的那么可怕。我们必须毫不犹豫地肯定自己的能力。"天生我材必有用"，我们要相信自己，学会肯定自己的价值。我们可以在工作和生活当中给自己定下许多个小目标，当我们完成自己定下的目标时，就会产生成就感，这样可以让我们保持良好的心情，并且变得越来越自信。

第四章

要抓住生活偶然抛下的橄榄枝

生活中纵然有各种艰难险阻，但曲折的前路中，也有着“柳暗花明又一村”的惊喜。即使身处苦难中，生活也会向我们抛下橄榄枝，只要抓住机会，走出困境、改变自己的生活并不是梦。

当云层中垂下绳索，你就要抓住它爬上去

时间过得很快，没过多久我就发现了一个可以改变自己命运的机会。当时，我跟随主讲团队一起前往成都各地进行招商演讲。这一次的经历也成了我人生中一个巨大的转折点。

那是 2013 年的 5 月 1 日，公司的一个主讲老师要去成都的洛带

古镇做演讲，而我被安排成了他的助理。五一期间的人流量还是很多的，上午，主讲老师讲了一场，效果也可以，产品卖得不错。

一场讲完之后已经 11 点多了，阳光也越来越刺眼。户外演讲是没有遮阳的，所以特别晒。这时，主讲老师说："阳光这么强，先不讲了，大家休息一下，下午再继续。"当时的我是没有演讲的资格的，但听到他讲完这句话后，我的心怦怦地跳了起来，我感觉我的机会来了。我的内心有一个声音告诉我，这就是我向大家展示我的努力成果的绝佳机会，我应该自告奋勇做一次演讲，抓住这个机会。

此时的我心跳得像打鼓一样，但还要努力克制内心的紧张，保持冷静。我果断地来到主讲老师面前："老师，现在大家都在休息，能让我试着讲一场吗？"听到这句话，主讲老师还没有说话，周围的同事先议论开了："哎呀，你怎么讲，你都没有学过。""是啊，这大热天的，别折腾了，休息一会儿，下午还得继续呢。"

我不在乎别人说了什么，只在乎主讲老师的态度。鼓足了全部勇气的我局促地站在那里，而主讲老师只是轻描淡写地抬头看了我一眼："好啊，你去吧。"

从来没有什么突出表现的我并没有引起他们太多的关注与期待，所以每个人都只当是我的一次普通的实战演习，并没有放在心上。于是我定了定神，走到演讲台前，抛下了一切顾虑和杂念，专心地投到了我职业生涯的第一次正式路演中去。那一刻，我觉得演讲台上的我像一个意气风发的将军，指点江山、挥斥方遒。

这一次意料之外的路演，成了我一生中重要的里程碑之一。在那场演讲中，我只用了 40 分钟，便卖出了 8 台电脑。此前，主讲老师在上午的演讲中卖出了 10 台电脑，相比这个有过两年左右演讲经验的成熟的主讲老师来说，一个从没正式学过演讲的人第一次演讲就卖出 8 台电脑无疑是一个辉煌的战绩。

果然，这件事在公司引起了轰动，许多同事都在工作群中宣传这件事，后来，连我们的经理都听说了这件事。下午，经理亲自过来，将我从洛带古镇送到了国色天香的招商现场，让我负责这边的活动，我也顺利地成了一名主讲老师。

我一战成名，许多领导都听说了我的名字，纷纷主动提供给我许多专业的资源和展示自我的机会。我的演讲生涯就此开启，在自身的努力与领导的栽培下，我成了中国三大通信运营商的招商导师，在路演圈逐渐变得小有名气。

经历了这些年大大小小的挫折与成功，我深刻地明白了一个道理：选择决定成败，而机会总是留给有准备的人。所以即使我已经实现了很大的飞跃，也依旧没有忘记继续学习、充实自我、强大自我。我不仅继续在招商演讲上精进钻研，还自学了会务演讲。

世间唯一可证明的因果就是：你付出多少努力，就必有多少收获。可是，现实生活中，人们往往有意无意地想不劳而获。付出就要得到回报，自古以来很少有人能突破它。然而，如果有人能够超越它的限制，付出而不求回报，那么他一定会得到更多。

一分耕耘一分收获。有志者事竟成，破釜沉舟，百二秦关终属楚；苦心人天不负，卧薪尝胆，三千越甲可吞吴。

无限风光在险峰。有梦想，就必须为之努力，并不惧过程的艰辛。人生要想达到一定的高度，就必须顶住风吹雨打，忍住腰酸背痛，不断攀登。受苦的时候，往往也是能力、功力提升最快的时候。“练武不练功，到老一身空”，像扎马步这样的基本功，练起来最苦，却也最能锻炼人。

想要实现梦想，就一定要振作精神，肯下苦功。书不记，熟读可记；义不精，细思可精。立志不坚，终不济事。意志目标不在自然中存在，而在生命中蕴藏。疼痛的强度，同自然赋予人类的意志和刚度成正比。永远没有人力可以击退一个坚决强毅的希望。我们只要持之以恒，丰富自己的知识，终能发现其中的奥秘。

人生就像峡谷里的一粒种子，只有顽强拼搏，努力生长，才能长出峡谷，看见阳光，如果放弃，那么就会永远坠落在峡谷的深处，永远看不见阳光。

别将自己推进失败的深渊

自从演讲一战成名之后，我就再也没有做过在营业厅帮人充话费、给别的演讲老师当助理这种打杂的工作，而是成为一个专职的主讲老师。我的工作时间也比之前少了很多，只需要节假日的时候上班。也就是那一次后，一个月大概只工作了不到半个月，但我收获了一笔不菲的工资。那时的我没有底薪只有提成工资，而我那个月挣了 26000 元。

那是我人生中第一次挣到这么多钱，当时我觉得我用几个月的努力，实现月入 1 万的目标，已经很不得了了，很满足了。在我做演讲这份工作的时候，我并不清楚自己能够挣多少钱，只是有一个月入过万的这么一个大概的想法。正是因为我的努力，我对成功的渴望，才最终达到了一个月挣 26000 元的目标。

所以那个时候我很有成就感，也是因为这件事，我才意识到，很多人都说选择大于努力，但其实经历了这件事情之后，我才知道原来选择不是大于努力，而是选择直接决定成败。

回想我辞职来学演讲的这段经历，可谓一直在失败的痛苦中挣扎，而我最终能够成功，就是因为坚持不懈的努力，没有沉溺在失败的深渊里。

人不是生来就被打败的。但是我们每个人，又冥冥之中注定避免不了失败。在大多数人眼中，“失败”是一个可怕的词，有多少人因它望而生畏、止步不前。每个人都渴望得到自己的成功，厌恶失败。因为失败在人们脑海里的印象中充当着冰冷的铁锤似的角色，它会打击、压迫人的精神，包括信心、耐力等。殊不知，没有失败，哪儿来的成功？

当我面试失败，愿意没有工资留在成都打杂的时候，当没有人教，我下决心自学的时候，当我顶着别人的嘲笑，苦练演讲的时候，我不知道我什么时候会成功，但我知道，我不能放弃，一旦放弃，我就会永远沉溺在失败的深渊里。

尤其是在自学的这几个月，我身上的压力比之前更重。很多同事都知道我工作之余在练习演讲，也有很多同事在猜我为什么没有工资还要留在这里，猜我最后的结局是什么。虽然我并不在乎别人是怎么看我的，但我也希望自己能够证明自己。

顶着这样的压力，我还是坚持下来了。正是因为我坚持下来了，我经历的一切失败和困苦才有了价值，才最终获得了成功。

“行百里者半九十。”最后的那段路，往往是一道最难跨越的门槛。其实每个人的一生中，无论工作或生活，都会或多或少地出现这样那样的极限环境，或者说极限困境。有的时候就需要那么一点点毅力，一点点努力与坚持，成功就能触手可及，而不是充满遗憾地擦肩而过，将自己推入失败的深渊。

失败是人生路上必须经过的道路。它不但会使人成长，而且会使人得到乐趣。在失败的痛苦中，人们寻找着失败的原因，然后冲出黑暗得到光明的照耀。在这一过程中，我们才能体会到人生的美妙。

在尝试中找到自己的方向

在我成为主讲老师之后，我开始辗转于各个会场间，为移动、联通、电信三大运营商和阿里巴巴成都运营中心做户外招商工作。在招商演讲这一行业中，男性从业者远比女性从业者要多。这项工作的本质就是面对陌生人做户外演讲，和陌生人打交道。很多女孩子因为胆怯或腼腆，不敢和陌生人打交道，而我却从越来越多的实践中变得越来越自信，演讲风格也越来越成熟。凭借扎实的演讲功底和众多场次的演讲实践，我逐渐积攒了一些人气，在成都的招商演讲圈中有了一定的知名度。

那时，我为移动、联通、电信三大运营商做户外招商演讲，活动的范围还是在成都地区。我从一个名不见经传的助理一战成名并成为主讲老师的故事不仅在公司内传播开来，在成都的招商演讲圈中也得到了广泛的传播。除了我的客户外，还有一些同行业的老师、学员等专门来到我演讲的会场听我演讲，或在会后向我请教。

对于这些人，只要我的时间允许，我都会耐心地回答他们的问题，帮助他们解决工作中的困难。正如“因为自己淋过雨，所以也想为他人撑一把伞”，也许是因为我自己在奋斗的过程中遭遇了太多的苦难，所以当我获得成功，有能力帮助别人之后，也想着为别人提供力所能及的帮助，让他们在成功之路上走得更加顺畅。

记忆里让我印象最深刻的有一个女孩，和我差不多的年纪，连续听了五六场我的演讲，每场演讲都坐在角落里，安安静静地做笔记。演讲结束后，她也会和别人一样问我问题，并记下我的回答。

之所以记得她，是因为每次在演讲中看到她的时候，她的眼神都格外认真。我也看过她做的笔记，记得十分详细，字写得也很好看。每次看到她在现场，我都会感觉到多一种压力，会想着，这场我一定要更认真地讲，因为还有这样认真的人在听。

一次演讲结束后，她照例来问我问题，因为之后没有别的工作了，我便和她聊了起来。她是成都另一个招商团队的学员，刚到成都还不到一个月，在听到我学习演讲的传奇故事后对我充满了钦佩，专门请了两天假来听我的演讲。

她对我说："我在学习的过程中有很多疑惑，也有很多困难，但不管我面临怎样的处境，只要想起你的故事，我都会充满力量。"看着她亮晶晶的、充满认真的眼睛，我知道她终有一天会成功。

虽然此时的我已经小有名气了，但我并没有骄傲，依旧十分努力地工作。多少次因为着急赶下午的演讲，我连中午饭都来不及吃，只能在路上吃两个面包充饥；因为假期连续几天不间断地演讲，嗓音变得嘶哑，喉咙也经常肿痛；因为长时间站着演讲，脚踝肿得连鞋都穿不上。即使是这样，我也没有退缩，虽然很累，但我感到十分满足，心里充满了前进的动力。

在为三大运营商做招商后不久，我就尝试了改变，开始为阿里巴巴做招商。当时正是电商火热发展的时期，我就借着这个趋势开始为阿里巴巴做电商的招商工作。工作内容就是联系一些线下的实体店，和它们讲与阿里巴巴合作的优惠和利益，最后达成合作，帮助线下店铺在阿里巴巴开设线上店铺。

刚开始做这个工作的时候，我对这个新的工作并不了解，但我是一个愿意去自己主动学的人。不是公司要求我必须会做什么或安排什么培训学什么我才会去学，而是我自己不满足于现状，我自己有非常强的学习欲望和不断提升自己的决心。我不会因为当时在圈子里面已经小有名气，就止步不前，我会觉得我还可以做得更好，永远保持在一个积极上进的学习状态。因为我知道只有让自己更强大，才能抓住未来更多的机会，所以无论什么时候，我都不会放弃提升自己。

在面对新的工作、新的招商模式时，我会很主动地研究这份工作该怎么做，怎样才能做到更好，招商的整个流程都是我一步步研究出来的。从食宿到交通、从邀约客户到会前、会中、会后整个流程体系，都是我自己一次次地摸索，一次一次地实战出来的。

正如“生活没有方向，就犹如航海没有罗盘”，一个人心中没有方向，才会在人生的路上跌跌撞撞。只有勇敢地放弃你的安逸，才能为下一次的启程积蓄更大的能量，在尝试中找到新目标，找到自己的方向。

只有找准了自己的方向，人生才会有意义。很多人走着走着就迷失了前进的方向，甚至有的人还没启程时，就被迷雾遮住了双眼，被狂风吹散了信念。他们永远都找不到人生的坐标，注定了要过平庸的人生。而有的人却能看清自己的路，顺利地实现自己的梦想，创造人生的辉煌。我们应当擦亮自己的双眼，寻找生命的契机，勇敢地去寻找自己的方向。

我就是我，是颜色不一样的烟火

在之后的日子里，我通过给三大运营商和阿里巴巴做招商演讲，赚到了人生中的第一桶金。这时，我不仅口袋充实了，精神也更加充实。相比刚来成都时衣着寒酸、内向自卑的我来说，现在的我不仅更加光鲜亮丽，也变得更加自信。

工作变得相对自由之后，我就有了更多的时间陪伴家人。这时的我基本上每个月都会回一次家，每次回家，我都会给母亲买很多她从没穿过的漂亮衣服、没吃过的美食。

在我眼里，母亲是一个很漂亮的人，但生活的困苦压垮了她，她没有在最好的年纪穿过漂亮的裙子、戴过漂亮的首饰。每次回家，我都会给母亲买一些裙子或首饰，虽然她每次都会怪我乱花钱，但相比花钱，我更想看到母亲脸上开心的笑容。

每次陪母亲出去逛街，我和母亲都会成为亲戚朋友议论的焦点，他们纷纷说，“哎呀，闺女又给你买新衣服了，真漂亮”，“闺女又回来看你了，真孝顺啊”。

每次听到这些，我母亲都会笑得很开心。我知道，当母亲穿着漂亮的衣服，戴着新首饰逛街的时候，未必没有炫耀的成分，但那又怎样，母亲已经受了太多的苦，现在的幸福生活是母亲应得的。

而现在，家里的氛围也和之前大不相同。很多见到母亲的人都会说母亲之前的不容易，让她安稳享受之后的生活，说得多了，父亲也渐渐地体量到了母亲的难处，脾气也小了很多。并且这个时候，家里也不会像以前一样因为钱的问题而争吵，我已经有能力让父母过上更舒心的生活。

此时每每回想往事，我都会感慨于当初辞职去学演讲的决定，庆幸我在众人的反对中，坚持了自我。

每个人都有他隐藏的灵魂精华，和别人不同，它使人拥有自己独特的气息。是的，我们每个人都是独一无二的，都具有自己的特点。就像世界上没有完全相同的两片叶子，也不可能有完全相同的两个人。活在当下，做自己命运的主人，才是我们应该做的。

生活中很重要的一点就是不要太在乎别人的看法，要认清自己，活出自我。就像我特别喜欢的一句歌词:“我就是我，是颜色不一样的烟火。”每个人都是颜色不一样的烟火，只有坚持自我，才会最终绽放出不一样的烟火。

这句歌词是张国荣的歌曲《我》中的一句歌词，也唱出了真实的张国荣。我从未追过偶像，但每每想起张国荣，我都会有一种共鸣。

当我历经生活的磨难，在坚持自我中获得成功之后，再听《我》

这首歌，我更能理解他在演唱“我就是我，是颜色不一样的烟火”时饱含的感情和坚持。这个世界上，有多少人真正清楚自己喜欢什么，想做什么？年轻的人，不要再跟随别人的步伐、走前人的路了。我们要认清自己，要清楚地知道自己在哪一方面有天赋，自己喜欢什么，想做什么，并为了成为自己喜欢的人而努力。以自己的姿态，漂亮地告诉世界，什么是勇敢。

孤芳自赏没有用，大家都认可才是真正的了不起

“入乡随俗”是生活中不变的真理。如果你做出与别人类似的行为，说着与别人一样的语言，就会让对方觉得你和他有一样的思想与地位。这样，别人才会对你感兴趣。同样，有才的人也不能自以为是。即使是有才的人，也要被人认可才有用处。

在你我身边，有的人自觉很有才，总是自命清高，喜欢孤芳自赏，“我自独扫门前雪，不管他人瓦上霜”。这种没有任何合作意识的人，终将被集体淘汰。作为大家中的一员，如果不懂得合群，总是唯我独尊、孤芳自赏，就必定会陷入自我的死胡同中，自然也没办法得到友情、关爱和别人的尊重。

那时我工作的公司中就有这样一个新人学员，名叫莹莹，刚到公司的时候，她知道自己是新人，所以行事低调，很合群。几个月之后，

她熟悉了公司和工作，开始流露自然本色。

一次在公司的会议上，经理谈到公司业务上存在的一个问题，让大家发表意见。大家都很谨慎，说出了自己的思考，而这时莹莹却突然站起来，开始滔滔不绝地讲述自己的长篇大论，仿佛会议上只有她一个人一样，而且反复强调，如果按照她的思路去做的话，一定能够解决问题。会议过程中，其他同事想表达自己的看法，却总会被她打断，整个会议就像是她和经理的二人会议。听着莹莹的长篇大论，虽然很多人对自己的发言被打断有些不满，但还是觉得一个新人有勇气表达自己的想法很难得。

发生一次这样的事，大家觉得她很有想法；发生两次这样的事，大家还能勉强接受；次数多了，时间久了，大家就开始受不了了。一次开早会上，当莹莹发言之后，很多人都针对她提出的计划发表了不同意见，或者指出了计划之中的漏洞，在大家的挑剔之下，莹莹一时语塞，匆匆结束了发言。

不可否认，莹莹在公司的表现确实不错，不论是做演讲还是和同事沟通，都十分有自信，也曾提出过一些让人眼前一亮的想法。但关键就在于她太自信了，甚至有些过于强势。

不少同事都和她谈过这个问题，一开始时，莹莹并不在意，但在和同事发生过几次冲突之后，她也渐渐明白了自己的问题，开始尝试改变自己。早会时也好，团队合作做一件事情时也好，她都开始低调行事，只在关键时刻“亮剑”。仅仅过了半年，莹莹就成功地成了公司的一名小组长，和同事之间的关系也更加融洽。

在职场中，我们必须明白一个道理：职场不是一个人的舞台，展现自己的才华可以，但是要掌握好一个度。如果我们不考虑客观环境或自身的实际情况，而一味强行推销自己的才华，孤芳自赏，不但不会得到大家的认可，反而还会招人反感，甚至是鄙视。在任何场合都不要孤芳自赏，如果忽略了别人的感受，只会给人一种不懂得尊重人的坏印象。当把握好了展现自己才能的分寸时，就能得到大家的肯定与赞赏，也会获得他们的信任与重视。

当下，职场中有个“天条”：你有几斤几两不重要，重要的是，谁认可你，谁愿意用你。但凡有些成就的人都经历过从“优秀的人”到“团队好伙伴”的过程，人在职场上走上坡路的过程，其实就是被大家肯定的过程。就像莹莹，刚开始一味地孤芳自赏，让自己的职业生涯走了不少弯路。

可能是由于我此前的自卑和经历了太多的磨难，我对人总是十分谦逊的，不论是我做主讲老师时，还是之后我自己带团队时，我都不会孤芳自赏、固执己见。即使在长期的合作中，大家已经认可了我的能力，在做决策时，我也会认真听取大家的意见，思考自己存在的不足。因为我知道，一个人的能力再强，也是有限的，只有集结大家的智慧，才会做出更科学的决策，制订出更完善的计划。

同时，我不仅这样要求自己，也会将这一思想传递给我的学员。我刚开始带学员时，就遇到过一个十分出色的学员，名叫晓琪，人很聪明、喜欢思考，练习时也很努力，是当时同一批学员中的佼佼者。美中不足的是，晓琪十分孤傲，平时不喜欢和别的学员相处，也听不进别人的意见。

我知道了这件事后，借着一次活动，单独和晓琪谈了一次。“琪琪，刚刚你试讲的那一场我看了，很自信，讲得很棒。”琪琪听到我的夸奖后眼睛亮晶晶的，十分高兴。

这时，我话锋一转：“不过如果满分是十分的话，我只会给你八分。”

晓琪对此十分不解，我又接着解释道：“我知道作为一名新学员，你的表现已经很出色了，但并不是无可挑剔。其他学员也有讲得很好的，听他们演讲的时候，你有什么感受？”

晓琪沉默了一会儿，并没有回答我的话。我知道，可能她平时并不会刻意听别人的演讲，也不会和别人沟通演讲心得，而这，极大地阻碍了她的进步。

于是我又说道：“每个人演讲可能有不同的风格，也会得出不同的感悟，你不分析别人的演讲，不和别人沟通，怎么能发现别人的长处，弥补自己的短处呢？”

晓琪思考了一会儿，说道：“我知道了，老师，我会试着改变自己的。”

之后的学习中，晓琪明显外向了不少，她会注意听同学的演讲并记笔记，会时不时地和同学探讨演讲的技巧。在接下来的一个月中，已经十分出色的她又取得了不小的进步。

聪明的人懂得合群，即使自己有能力，也会懂得分享，与他人共事时也会为他人让路。聪明的人懂得借助大家的力量，然后“使力”，最终“不费力”地将事情变得更为简单。

不少人都会因自己的才能，设定很多遐想，幻想自己出门就能遇见伯乐，但现实有时不是那么美好。幸运不会随意地降临到所有人的头上，所以就会出现几家欢喜、几家悲愁。在没有伯乐发觉自己的才华的时候，在没有实现梦想的时候，千万不要孤芳自赏。自以为了不起没有用，大家都认可才是真正的了不起。

沉默不是金，是埋金的沙土

人们常说“沉默是金”，这话被刻成了牌匾，镶在我们的思想中。然而那个沉默的时代已经过去了，现在是“梦想叫嚣”的时代。每天叫醒你的不是闹钟，而是梦想。你再沉睡，再沉默，就会被这个世界遗忘。我们往往因为梦想碎了，激情退了，跌倒了爬不起来，所以选择沉默。而在当今这个人才辈出的时代，沉默不是金，是埋金的沙土。

就如同我此前在医院做护士一样，我意识到了当时的工作和未来不是我想要的，意识到了我必须要改变，我也有了学习演讲的新梦想，在这种情况下，如果我还在沉默，那么我势必会备受煎熬。

为了向我的梦想进发，在有了学习演讲的目标后，我迅速辞了职，然后去成都。在成都出师不利后，我仍不放弃，马上就确定了自学的想法并为之付出了努力。在自学演讲、准备充足之后，我又积极寻找展示自我的机会并成功抓住了机会，成了一名主讲老师。无论我处在什么样的境况中，只要我想改变，我就不会沉默。

要做成一件事可能会很难，前路可能会充满艰难险阻，同时要做成一件事也很简单，只要你勇于迈出第一步，千山万水也可以走下去。

现实生活中有这样一些人，他们常常抱怨生活的不如意，也曾想过要改变，但却迟迟不肯开始行动，总觉得自己准备得还不够充分，最终止步于想象中的难关。就像我的一个朋友，在我还在做护士时就经常和我说要换一份工作，自己开个店，花店、咖啡店都可以。但她想法来了又去，直到我赚到第一桶金时，她依然在安稳地做之前的工作。

朋友并不是一个只说大话的人，想开花店时她会去买各种花卉的书来学习品种，也会去花卉市场买花回来精心养护，跟那里的老板交流经验；想开咖啡店时也会买器材和各种咖啡豆回家研究，找别的咖啡师“拜师”学艺。在我看来，她每次都学得很好，讲起开店的事来也都头头是道，但每当我开始期待她的店铺时，她总是摆摆手说还差得远。

在朋友看来，越深入地学习一个行业，越觉得里面学问很多，越是心怀敬畏，这样的心态让她无法轻松地开始做一件事，总觉得要学习更多，准备更多。但很多时候，想准备的东西越多，准备的过程越久，反而越难以行动。而一个人想做一件事的热情，也就在这无尽的沉默中被消磨干净了。

做任何事情都是难在心，易在行，虽然前路坎坷，但我们仍需要有一种大无畏的魄力，勇于迈出前进的第一步。我自己就是一个想到就做到的人，因为我知道前路的曲折是必然的，勇敢迈出第一步也是必需的。

因此，在决心做一件事之初，我们首先需要纠正自己的心态，想到就要去做。如果想要学习相关知识，也应谨记自己的目的，给自己设定一定的时间限制与要求，力求早点“毕业”。

生活中的机遇往往是转瞬即逝的，我们必须明白，当你想做一件事时，行动的最好时机就是现在。

不在沉默中爆发，就在沉默中灭亡。在沉默的生活中选择奋起，坚持自己的梦想，才能最终成就梦想。跌倒了，语言可以沉默，但梦想不能沉默，不然人生就真的成了被人踩踏的沙土。

第五章

失败也是一种成长

人生的道路上，谁也避不开失败，对于命运如此曲折的我来说更是如此。在经历过短暂的成功后，我再一次体会到了失败的苦涩。但是，这一次的失败并没有击垮我，反而让我更加坚强。我拼命让自己忙碌起来，让自己成长。无论生活的困境让我多么难堪，我都会积极地去战胜它。失败是一种历练，一种成长，只要我不认输就没有失败，也不会有什么把我打败。我知道，只要坚持努力，就不会有失败，有的只是暂停的成功。

学会将一切看作命运的馈赠

当我艰难地从人生的一个谷底中走出来，还没有享受过太多温暖阳光的时候，命运又给了我一次不小的打击。

那时候，23 岁的我手里已经有了一些积蓄，除了孝顺父母外，年轻有冲劲的我还想寻找一个创业的机会，或者做一些投资。和几个朋友聊天的时候，我也和他们讲了我的想法。

没过多久，其中的一个朋友就找到了我，说他想开店创业，做电商生鲜，但是本钱不够，正好我也有创业的想法，就想拉我入伙。我只需出资，剩下所有出力的工作都交给他来办。刚开始的时候，我并没有同意。朋友又劝了我很久，说现在电商生鲜是风口，机会正好，又说已经找好供应商并做好客户调查了，只要把店开起来，一切水到渠成。

在朋友的劝说下，虽然对这件事还是比较怀疑，但出于对朋友的信任，我还是决定试一试，于是我投资了 60 万元做电商生鲜，梦想着这笔钱在未来会变成 80 万元，甚至是 100 万元。

但创业并没有我想象的这样简单。第一个月，我陪着朋友确定店址、租店面、做装修，联系供应商，把店铺开了起来。但这却是我们噩梦的开始。

实践起来的时候，朋友才发现开店远没有他想象的那样简单。如何选择菜品？怎样控制菜品质量？怎样将菜品标准化？这些都是他此前没有细想过的问题。要想严格把控菜品质量，就需要更多的人工把控，还要不断地和供应商沟通。

除此以外，店铺的租金、水电费用、雇用人员的费用、物流费用等，每一笔都是不小的开销，而店铺的收益连平衡成本都做不到。在连连亏损的情况下，我投入的 60 万元支撑了 4 个月便血本无归，店铺也最终关闭。

这件事之后，朋友也曾和我忏悔过开店前没有做好预算，并且在管理店铺方面也没有经验，一切都是摸索着来，而现实远比他想象的残酷。投资亏得血本无归，我和朋友吵过，但更恨自己为什么会这么轻信朋友，如果当初我谨慎一点，可能就不会遭遇这样的事。但没有如果，对于这一结果，我只能接受。

从来不曾跌倒不是最值得我们自豪的事，每次跌倒后还能再坚强地站起来，才是我们最大的荣耀。这一次创业失败的经历虽然带给了我很大的打击，但我也并不是全无收获。在这段时间中，我学习到了许多有关创业的知识，了解了店铺运营的流程，也有了许多跟客户交流的经验，这些都是我积攒的别样财富。

我还年轻，及早体验到失败的滋味，未来可以有更充足的时间重整旗鼓，这何尝不是一件好事呢？我一直坚信，将失败看作一种成长的教训，不怨天尤人，才能在未来的道路上走得更好。一个人若是被一些不良的心态所左右，人生的航船就有可能驶入河沟浅滩，从而失去发展的机会，一败涂地。这是自卑，也是自毁。

这次失败的经历带给我的打击是暂时的，但我在其中所受的益处却是恒久的。它教会了我做事更加谨慎，以更加坦然的心态面对失败。

如果你已经意识到了自身局限性的存在，如果你能够一心改正这些弱项，那就意味着你又上升了一个台阶，这才是真正的进步。高尔基曾多次告诫青年人：“人一生要战胜的敌人就是自己。”认清自己的弱项重要，战胜自己的弱项更重要。

学会面对现实，让自己成长、成熟，才能更加坚强，才能欣赏人生的风景。

在生活中，没有谁能永远沉浸在美好的梦境中，是梦，总会有醒的一天，敢于面对现实的人生才美妙。每个人都有着不同的人生经历，勇敢面对现实，才能让你充满信心和活力，并不是只有你是不幸的，多看看自己所拥有的东西，幸福之光会更恒久地照耀着你。

每次受伤，都是一次成长。不管我们受了多少次伤，都不要退缩。我们一定要敢于面对，保持初心，充满热情。唯有这样，我们才能获得真正的成长。没有输过的人，在输时才会越发难过；没有摔过跤的人，在摔倒时就爬不起来；没有经历过挫折的人，就不会真正地长大。我们遇到的一切都是命运的馈赠，不要逃避，那些都是成长路上的催化剂，熬过去就能看见璀璨的阳光。

合伙人要“挑”，志同道合很重要

对于我来说，这次的创业与其说是一场投资，不如说是一次体验，因为当时为朋友投资的时候，最让我心动的不是未来可以赚多少钱，而是我想体验一下做老板的感觉。那时我还很年轻，并不满足于一成不变的生活，总想着去多经历多体验，所以借由创业这件事，我也想体验一下做老板是什么感觉。虽然当时的我工作方面已经小有成就了，但我还是想着不能永远给别人打工，以后总是要创业的。

所以第一次创业失败之后，我虽然大受打击，但并没有崩溃。我觉得我还很年轻，还有很多时间去尝试、去努力，也觉得在这个年纪就经历这样的失败，其实是件好事，对我来说是经验也是成长。

虽然第一次投资创业失败了，但是我觉得我还是赚到了很多东西。虽然没有赚到钱，但是我知道了，原来创业是这么艰辛，没有我想象的那么容易。我在公司做户外招商演讲的时候，和同事间免不了摩擦，也曾遇到过脾气暴躁、出尔反尔的客户，觉得打工十分不容易。当我试着创业之后，才发现当老板也很不容易。当老板就是自己拼尽全力孤注一掷，根本没有退路。

多年之后，我现在对于创业的很多的认知，都是在这次创业失败中历练出来的。我明白了创业是一件多么艰难的事，明白了老板的价值观和格局有多么重要，只有老板本人有正确的价值观、有远见卓识，创业才能成功，公司才能发展得越来越好。

然后我也明白了创业时选择志同道合的合伙人是多么重要。在这次创业过程中，不只我一个人给朋友投了钱，还有几个朋友也或多或少地投了钱。当时，店铺倒闭之后，几个出钱投资的朋友和开店的朋友大吵一架，几年甚至十几年的友情就此一刀两断。我虽然没有说过要和朋友绝交的话，但我知道，以后无论他再做什么方面的创业，我都不会投资了。

经过了这件事，我深刻领悟了，创业一定要找志同道合的合伙人，即使是好朋友，如果想法不同，也不能贸然合作，不然创业失败后连朋友也没得做。直到今天，一些知道我创业的朋友和我聊入伙的事情时，我也会谨慎地分析这个人是不是真的下定决心要创业，有没有必要的能力或资源，我们对创业是不是有一样的目标和愿景等。只有真正确定这个人适合做我的合作伙伴，我才会和他合作，而不是因为他是我的朋友而合作。

所谓“知己知彼，百战不殆”，我们在寻找合伙人时，不要只看与他人的交情，更要洞察合伙人的能力，做到知己知彼。这样我们才能够结合自身的优势，与合伙人进行一次“强强联合”的创业之旅。

在合伙路上，整合资源是一条必不可少的路。潜在合伙人的资源有很多，也各有不同。常见的有两种，分别是知识资源和资本资源。

在知识经济时代，没有知识，不懂创意，就要被时代淘汰。所以在选择合伙人时，我们要选择有知识、能够创新的人才。同时，资本资源也是需要考核的一个要素。如果我们已经有了一个好的创业想法，但是没有足够的资金支持，那就需要寻找那些资本雄厚的合伙人，这样才能够让梦想尽早落地生根。

此外，购物时“货比三家”的思想也可以同样运用到寻找合伙人的过程中，通过比较，我们能够找到更适合的合伙人。在所有的资本中，人力资本是变数最大的资本，人具有感情波动性、价值判断性以及趋利避害性，在商业社会中，人们的这些属性更容易直观地展现出来。因此，在合伙创业时，我们不能盲听盲信，要有自己的判断力，要学会根据自己的理性判断，通过对比找到最优质的合伙人。

正是因为这次投资不谨慎导致的损失，使我在之后的投资中非常小心谨慎。之前的我十分看重朋友，盲目地讲朋友义气，只要朋友相信我，我就会相信他。而现在，我在投资项目时，会看这个人的能力、品行，会看项目的机会和前景，却并不会因为两人的交情而做决定。

正是因为有了这些收获，我并没有一蹶不振，反而十分珍惜这次的经历。对我来说，既然抱着想体验的想法做了投资的决定，就要勇于接受失败的结果。我也应该为自己的想法，为自己的体验买单。

从失败中汲取智慧

虽然经历了一次创业失败，我也曾伤心过、怀疑过自己，但我并没有崩溃，也没有退缩。正如失败是成功之母，对失败的事进行分析，总结经验，才能够从失败中汲取智慧，为之后的成功筑基。

其实很多时候，人们创业失败都是陷入了思想的误区。我和我的朋友都曾陷入过这样的误区。

首先，很多人在分析市场和消费者需求时太过主观，很多需求是自己臆想出来的。我的朋友在打算做电商生鲜之前，就调查过，很多年轻的上班族都不会到离家较远的菜市场买菜，他们更喜欢线上买经过半加工的、更加方便的菜。但事实上他只看到了市场中存在的需求，却没有调研市场中的竞争，事实上，当时我们店铺所在的那片区域已经有了两家生鲜电商，服务体系完善，也拥有较为固定的客户群，在这种情况下，又有多少消费者会选择我们这个新开的店铺呢？在创业路上，我们必须要对市场中的需求做出准确判断，明确自己要做的这件事是否存在机会。

其次，在创业的时候，很多人都执着于追求风口，就如同我朋友追逐电商的风口一样，但事实上，并不是所有追逐风口的项目都会成功。

一方面，即便是处于风口，创业成功的人依旧是少数。无论是公众号、短视频还是电商，追逐风口的人都如过江之鲫，但真正赚到大钱的却是少数人。很多创业者对其他人创业失败的经历了解得很少，但对创业成功的人却了解得很多，这导致其面对风口时往往只有两个想法：一是别人因此赚了钱，所以我也有机会；二是所有人都在追逐这个风口，我跑慢了就没有红利了。但这些创业者并没有认识到风口之下的竞争，某一领域入局者越来越多，竞争势必会越来越激烈。如果没有准备或者对自己认识不清时就盲目入局，最终只会满盘皆输。

另一方面，宏观大势不等于微观局势，对于创业者来说，大趋势对创业的影响并没有很多人想象的那样大。一些创业者容易把问题简单化，例如很多宏观趋势都是十分复杂的，但这些创业者却只以一个简单结论做依据来进行决策。市场中的宏观趋势是单一的，但局部趋势却是复杂的，甚至可能背离宏观趋势。如果创业者一味追逐宏观大势，没有意识到局部形势的复杂性，则很容易会创业失败。

再次，很多人在做决策时会盲目相信他人，没有自己的主观思考。不管人们想做哪一方面的创业，在同一个时间，同一个赛道上，都会有众多的竞争者。为了能够减少竞争压力，很多人都会听信他人的预测，听到某专家说某领域是风口，就会在该领域创业，过段时间创业不见起色，又听别的专家说其他创业风口时，往往就会转变创业方向，准备从头再来。而这样的结果往往会收获一次又一次的失败。

诚然，我和我朋友在创业之初都会坚信当时的生鲜电商是风口，但事实证明，风口上的生意也并不全是好做的生意。并不是说我们不可以相信专家的预测，但更重要的是，我们要有自己的思考。或许某领域是风口，但在创业之前，我们必须要分析自己在该领域是否具有优势，什么时候是创业的好时机等。如果不对这些进行分析就贸然开始创业，也会加大创业失败的风险。隔行如隔山，电商生鲜的模式看起来好做，但真正实践起来却复杂得多，对电商生鲜行业不够了解也是我们失败的重要原因。

最后，很多人都缺乏竞争意识。要想创业成功，就要妥善应对竞争，保持自己的竞争力，但很多人都对于竞争存在错误的理解。我们当初在做生鲜电商时，知道市场中有其他的竞争者，我也和朋友聊过这个问题，但朋友并不在意。他说做什么都会遇到竞争，还是要试一试。

为了引流，我们开展了很多优惠活动，折扣、满减、买一送一等，可以说，开店的第一个月，店铺就是以烧钱换流量。但事实证明，这种价格战并不能持久，也无法长久地将流量留存下来，最后，当店铺无钱可烧时，自然就会走向失败。

经过仔细的分析思考，我找到了创业失败的原因，并总结了经验教训，这些都会成为我的财富，并指导我之后的创业。

失败并不可怕，在经历过失败后，我们不应该把失败抛在脑后，生活中常有这样一些人，经历过失败后，不是认真总结教训，而是一味地埋怨他人、埋怨环境，抱怨命运对自己不公。其实，每个人都经历过失败，而有的人能够成功，就是因为善于从失败中汲取智慧。

在人生的舞台上，没有经历过失败的人，难以演绎出人生的精彩；在事业的征途中，不善于从失败中汲取智慧的人，难以翻越横亘在成功面前的崇山峻岭。虽然导致失败的原因有很多，但只要我们认真分析、总结，总会找到一些规律，并在实践中不断改进，避免重蹈覆辙。

很多时候，智慧来自对失败的思考。在失败面前，我们不能沉默，而要在失败中学习，从中找到开启智慧之门的钥匙。此外，我们还要善于从失败中平衡自己的心态，不怨天尤人，以健康的心态迎接新一轮的挑战。问题往往就是这样，当我们遭遇失败时，可能从失败中总结一些经验，调整一下之后行动的策略，就能够顺利登上成功的巅峰。

永远都不要忘了保持危机感

“微软离破产永远只有 18 个月”，比尔盖茨的这一说法让无数人愕然。微软公司体量庞大，产品众多，在世界范围内拥有众多用户，人们很难想象这样的企业会走向破产。但是微软却用这种危机感让自己时刻保持清醒。正如“逆水行舟，不进则退”，面对庞大的市场和无处不在的竞争对手，在创业路上我们必须时刻保持危机感。

以华为创始人任正非为例，华为的发展就离不开其始终保持的危机意识。任正非曾用《华为的红旗能打多久》《活下去是企业的硬道理》等文章来提醒员工要居安思危。此后，任正非又发表了《华为的冬天》一文，并在其中表示：“我天天思考的都是失败，对成功视而不见，也没有什么荣誉感、自豪感，而是危机感。”

在任正非看来，华为发展越快，获得的成功越多，他的危机意识就越强烈。他曾这样告诫华为的高管：“一个企业，一个组织，如果总是背负成功与辉煌的包袱，这个企业其实也离死亡不远了。”任正非的危机意识源自其对市场的深远考虑，渗透在华为发展的诸多阶段。

在华为发展的过程中，几乎在企业每一个值得鼓掌的关头，任正非都通过这种当头棒喝的做法，激起华为人的危机意识。也是在这样的管理之下，华为人才没有被胜利冲昏头脑，不断进取。

保持危机感是创业成功的重要因素，而事实上，我和朋友创业失败也是因为缺乏危机感。当时，在我们通过各种优惠活动吸引消费者时，的确起到了很好的引流效果。不只店铺周围的消费者，甚至距离较远的消费者也愿意选择在我们的店铺下单，那时每天的订单都很多。

当时，我们几个人都十分高兴，想着只要把消费者留住，店铺就有了长久的客源。于是又推出了会员活动，用会员的购物优惠吸引消费者加入会员，也取得了不错的效果。那时，我们都被一时的成功冲昏了头脑，忽视了之后可能会到来的危机。

果然，在长时期的优惠活动结束后，店里就恢复了冷清，即使是会员，也很少再下订单。因为很多我们店铺的会员同时也是其他店铺的会员，失去了更优惠价格的吸引，又没有打出自己的品牌，我们的店铺自然被消费者忘在了脑后。

朋友本着“报喜不报忧”的原则，经常和我们分享店铺经营过程中的小成功，但对很多危机避而不谈。等到店铺经营越来越艰难，大家都意识到经营难以为继的时候，店铺已经到了关门的边缘。

这让我意识到了保持危机感的重要性。结合市场中的实际情况来看，很多公司在刚刚成立时往往业绩十分突出，客户满意程度很高，公司发展速度也很快。但是随着市场的变化，这些公司往往会销声匿迹，市场上活跃度高的更多的是后来者居上的公司。原因就在于，很多创业者在取得不错的成绩之后，就慢慢自大自满，产生了一种“我们是市场中的唯一，不需要担心同行”的错觉。与此同时，市场中的竞争对手在分析和研究公司的获客方式、经营模式、产品和人员配比等，寻找弯道超车的机会。一旦竞争对手推出更优质的产品、更优惠的价格或更贴心的服务，创业者的公司就会面临致命打击。

市场中的竞争就是这样残酷，当我们为一时的成功沾沾自喜时，殊不知竞争对手已经开始寻找弯道超车的机会了。因此无论我们处于怎样的创业阶段，处于哪一条创业赛道上，都要有危机意识，以便更好地应对危机，将创业之路走得更加长远。

不仅需要好的想法，更需要坚持和积累

我和朋友创业的时候，生鲜电商无疑是一个很好的项目，是当时创业的大热门。我也是了解这一情况，觉得这个项目不错才决定投资，但最后创业的失败却给了我当头一棒，也让我意识到，创业不只需要好的想法，更需要坚持和积累。

朋友负责店铺的运营，但事实上在当时市场饱和的情况下，再好的运营也难以抵抗市场的压力，更何况我们都是创业新手。在店铺难以为继的时候，面对前途渺茫的未来，面对合伙人之间无休止的争吵，大家都没有坚持下去，最终导致创业失败。

现实中，像我们这样的创业故事还有很多。许多人在创业大势之下勇敢地加入了创业大军，但一些人经历的却是一场失败之旅。很多创业项目胎死腹中，或在前进的路上逐渐消亡，这与市场环境无关，与政策无关，而在于创业者自身。创业者需要真正思考一个问题，那就是：你真的认识你自己吗？

很多创业者都抱着一夜暴富的心态进行创业，觉得自己有了一个好想法就拥有了一切。但事实上，创业并不简单，创业是一种选择，更是一种坚守，在长久的积累中厚积薄发，才能够真正走向辉煌。

但是，很多创业者并没有这份坚守，也没有耐心等待，只天真地坚持着自己一夜暴富的想法。这样的创业者少了自我充实的谦逊，不能以学习者的心态应对未知的挑战，最终的结局必然是创业失败。

有些创业者，还没有积攒实力，创业稍有成功就沾沾自喜，没有将赚到的钱投到技术或产品上，而是用在了“表面工程”，租了更大、更豪华的场地，配备了休息区，并且常常组织员工团建，以此宣传公司的工作氛围。企业的成功不在于外在的表现，而在于内在的专业。还有一些创业者，提出了一个不错的想法、推出了一款不错的产品，但在营销方面或寻找投资人时受阻，于是大受打击，不肯再前进，最终创业失败。

这些创业者都没有意识到创业是一件厚积薄发的事情。创业不是空有激情就能成功，而是创业者此前所有努力带来的一种质变。市场是残酷的，它不会因为你年轻而优待你，也不会因为你弱小而怜悯你，市场瞬息万变，稍有不慎就会瞬间吞噬你。

在创业之路上，我们必须要戒骄戒躁，学会坚持。好的创业想法经过坚持才会成功，如果只希望通过一个想法赚钱，而不懂在创业中的坚持，那么再好的想法也会流产。

畏惧失败就是毁灭进步

演讲家安东尼罗宾曾说：“这世界上没有失败，只有暂时停止的成功，因为过去并不等于未来。”畏惧失败是人的一种普遍心理，并且这种心理将会终身陪伴一个人。我们常常会因为畏惧失败而不敢尝试成功，在不该退缩的时候打退堂鼓，而因此错失了许多宝贵的生活体验。其实在某一具体事情上的失败，并不等于一个人就失败了，只要有信心，失败就是成功的转机。

任何一个成功的人在各种紧要关头，都具有临危不惧、不怕失败、顽强拼搏的精神，都能在最艰难的时候，不灰心丧气，并能不断地在失败中认真总结教训，迎难而上，从而增加成功的机会。他们的可贵之处就在于跌倒之后有所领悟，从而更坚定地向前走。

人生本来就存在不确定性，谁也没有把握说自己一定能成功，失败虽然暂时会令人沮丧，但它会使人吸取经验教训，不会再犯同样的错误，这无疑会成为成功的垫脚石。如果一个人从未遭受过失败，那他又怎么会取得进步呢？

和我想尝试、想体验的想法不同，很多人创业只想着一件事，那就是成功。对于这样的人来说，创业失败就是一件极其痛苦的事情，甚至会终止他们前进的脚步。

这次创业过程中，有一个投资的朋友就是这样的人。我们是多年的朋友，在我做护士的时候，他正跟着父母做一些小生意，后来当我去学演讲时，他已经自己单干了，生意也做得不错，攒了一些钱。

又过了两年，他的生意越来越不好做，就想着做一些投资，找一条别的出路，所以才投资了生鲜电商的项目。但和我的态度不一样，他投资这个项目就是为了挣钱。后来，创业失败之后，朋友大受打击。

一次回家的时候，我见到了他，也许是同样遭遇过创业失败，他和我大吐苦水，说创业可害惨了他，又说起他的生意不好做，不知道未来该怎么办。

我便劝道："这次创业失败不意味着以后也成功不了，失败是难免的，以后你可以尝试做一些适合你的投资。"

他连连摆手："不了，不敢了，赔一次就够了，再赔我心更痛。"

我问他："那你的生意打算怎么办？"

他沉默了一会儿，只说会尽力做好，实在做不了就不做了。

我知道这并不他的真心话，他并不是不想做生意了，只是畏惧失败，不敢再尝试了。于是我又说道："之前生鲜电商的项目咱们都不熟悉，创业失败也是难免的，但你可以从你的生意入手做转型啊，你对行业很了解，尝试转型未必不是一个机会。"

他顿了顿，若有所思，没有答复我，我也没有再劝他，毕竟每个人都要自己做决定，也只有自己能够为自己的决定负责。

后来，再从朋友处得知他的消息时，他已经小有所成了。他没有再投资别的项目，而是从自己的生意入手做转型，最终获得了成功。

他也曾发消息来感谢我对他的鼓励，让他有勇气再试一次。

事实上，很多人和我这位朋友一样，在经历一次失败后就止步不前，恐惧于未知的未来。但一个人若要有发现、有创造，就不应当畏惧失败。倘若你想把一切失败都关在门外，那你也必将永远被关在真理的门外；倘若你想避免任何失败，那你也必定永远得不到成功。

无论失败的打击多大，我们都不能心灰意冷，而应当正视自己的失败，消除这种绝望感。消极悲观不但于事无补，同时还可能使人逐渐陷入泥沼而无法自拔。走出失败的困扰，转忧为喜，是正视失败最好的方法。在失败中沉沦，还是在失败中奋起，这是每个人都需要好好思考的问题。每个人都应该笑着面对生活，并且要从生活中汲取力量去战胜失败。

不完满才是人生

每个人都希望有一个完满的人生。然而，自古及今，没有哪个人的人生是百分百完满的。事实上，不完满才是人生。

世上没有终极的完满，完满只存在于人的想象当中。而不完满则普遍存在，它代表着一种缺憾，一种距离，一种客观事实。有了这种缺憾和距离，我们才会不断追求，不断丰富，不断完满。

在这次创业失败之后，我也有过一段失意的时光，也更眷恋母亲带给我的温暖。在工作之余，我几乎都会回家陪我的母亲，和她一起做饭，一起逛街，一起讲我小时候的故事。我用这段温馨的时光放空自己，不去想创业失败的伤痛。

关于创业失败这件事，我并没有和母亲说。当初学演讲时日子多么苦，我都没有和母亲哭诉过。这次创业也是如此，我本来想等创业小有所成后再和母亲说，后来创业失败，也就不必说了，我不想让母亲为我担心。

虽然我并未和母亲说什么，但母亲还是发觉了我情绪上的变化，在几次询问无果后，母亲也不再问了，只是对我更加体贴。她会在我回家的时候去村口接我，会在天气转凉的时候为我织一件毛衣，会骑一个小时左右的车去买我爱吃的小吃。

我感恩母亲对我的关爱，也感恩命运让我成了母亲的孩子。诚然，重男轻女的家庭，父爱的缺失对我造成了伤害，我从小到大的生活是不完满的，但我没有抱怨，而是接受了不完满的原生家庭。而工作后，我的事业之路坎坷异常，我同样也接受了这种生活的不完满。

我知道，原生家庭是我人生的起点，但并不是人生的终点；创业失败是我创业之路的起点，同样也不是我创业之路的终点。人生没有绝对的完满，我们必须接受人生的不完满。

生活就是一种残缺的美，在人生的盛宴上，要想品味到令人垂涎的美味，你就不能苛求完满，因为世间本就没有完满。在这纷扰的世界里，每一个人都有大大小小的遗憾，贫困的家庭、平凡的容貌、平庸的人生经历等，不完满的人生才是常态。

因为人生的不完满而自暴自弃、怨天尤人无疑是愚者的行为，聪明的人会接纳有缺陷的自己，有缺憾的人生，并通过努力改变自己，最终改变人生。

千万别倒在成功的脚下

很多时候，人们并不知道奋斗的路要走多久，但成功的经验往往表明，再坚持一下，再迈上一个台阶就会成功。

2014 年下半年，在经历了创业失败后，我依旧做着招商演讲的工作。一次工作之余我在成都街头闲逛时，遇到了一个意想不到的人，她就是我曾经的同事年年。

为什么说是曾经的同事？当初我来成都时，和年年是同一批的学员，她因为自信大方的表现被经理所看好，分配到了一个金牌主讲老师名下，而我却没有把握住这个机会。

后来，在主讲老师的带领下，年年进步很快，并早早开始了实战演讲。在我自学演讲的时候，也曾听过她的演讲，她讲得的确很好。

但起步很顺利的年年在之后的工作中遭遇了瓶颈，接连几次演讲的效果都不太好，无奈她的主讲老师便加强了对她的训练，而这时的年年已经没有耐心再努力学习了，在和主讲老师大吵一架后，年年冲动地离了职。

之后，我就再也没有她的消息了。直到我凭自学一战成名，成为主讲老师之后的今天，我再次见到了她。

年年见到我也很意外，约我去旁边的咖啡馆聊天。通过闲聊，我才知道，离开后的年年过得并不如意，先后换了两三份工作，却没有做得长久的，现在在一家商场中做家电销售。得知我现在已经做了主讲老师之后，年年显得十分惊讶："印象中你还是那个没有工资的小学员，想不到现在这么厉害了。你是怎么在没有老师带的情况下成为主讲老师的？"

我笑了笑，只说了两个字："自学。"

年年愣了愣，也笑了："很厉害啊，这么努力才值得成功的青睐，不像我，当时沉不下心，遇到一点挫折就退缩了，如果我再虚心一点，再坚持一下，说不定就成功了。但我没那么做，倒在了成功的脚下。现在想想有时候也会后悔，但一切都回不去了。"

或许是很久没有遇到合适的倾诉对象，年年和我说了很多，我也对她表示了安慰和鼓励。

寒暄半晌，两个人分手之后，我又想起了和年年的对话。她惊讶于我竟然能够通过自学成为主讲老师，而我也寥寥几句说明了我当时的处境。不是没有话聊，而是在经过这么久的时间之后，当时的辛酸努力已经变得云淡风轻。

而回想起当初的努力，我又一次反思了创业失败的事情。当初我在自学演讲时，可谓一无所有，有的只是我的耐心、勇气和坚持，但是最后我还是成功了。现在，我虽然经历了创业失败，但是还有收入不菲的工作，还有更加坚强和坚定的心态。虽然我不知道创业这件事什么时候会成功，但我知道只有不断坚持，才不会倒在成功的脚下。

当我们身处困境，感觉快坚持不下去的时候，不妨再试一次，也许再试一次，就会迎来不一样的风景。曾经的失败不意味着永远失败，曾经达不到的目标不代表未来也达不到，身处逆境中，我们可以哭泣、崩溃，但最不应该做的就是放弃。

过去决定了现在，但不能决定未来。过去的成功不代表未来还会成功，过去的失败也不代表未来还会失败。要永远相信，未来是由现在决定的。

纠结于小事，大事谁来做

《鸿门宴》中有言："大行不顾细谨，大礼不辞小让。"做大事不必顾虑细枝末节，行大礼不必计较小的谦让。做人也应如此，应善于取舍，才能成就大事。

我第一次创业失败之后，一些朋友听说了这件事，纷纷安慰我。其中，我的朋友晓琴特意从老家来到了成都，约我见了一面。

我俩见面之后，她见我精神还好，担忧的神色才稍稍缓和，寒暄半晌，晓琴又和我讲起了她的近况，她一直都有创业的想法，但却迟迟没有行动。

晓琴对我说："创业是一件很难很麻烦的事情，要想做成功真的很不容易，你看你还一边工作一边创业，就更累了，虽然没有成功，但我也十分钦佩你。"

我告诉她："我这次是和几个朋友一起创业，大家都有不同的分工，我们经常在一起商量想法，但是具体怎么做我是不参与的，都是其他合伙人或者员工在做事。"

晓琴一听就激动了："对啊，就是这一点我很不理解，几个人合伙创业，怎么能确定对方能够把事情做好呢？"接着晓琴又说："我本来是想做点小生意，开一个糕点店的。我之前在北京专门学过糕点培训课程，在老家开一个糕点店完全没问题，但我计划了很久，发现很难一个人做成这件事，每天早上做糕点太累了，我没有太多的精力看店。"

了解了晓琴的问题之后，我便劝她："你可以雇一个人帮你看店、卖东西，或者找一个合伙人，两个人一个负责制作糕点，一个负责运营店铺。"

"唉。"晓琴叹了一口气，"我也想过这么做，但还是不放心，如果对方做不好怎么办？我做什么事情都喜欢亲力亲为，交给别人办事，哪怕是一件小事，我也会十分不安心。”

“我明白你的想法，但是你要知道，开一个店涉及的事情非常多，你要做糕点、看店、做盘点、算账，还要维系顾客，这些事情不是仅凭一个人就能够做好的。你可以自己处理店铺运营中的一些大事，但却没办法面面俱到，还是要将一些小事交给别人来做。要想真正做成开店这件事，你就不能太纠结于这些小事，找一个自己信得过的人，两个人合作才能够事半功倍。”

晓琴听了我的话，若有所思，表示自己回去愿意试一试。

很多人都和晓琴一样，在创业过程中太纠结于小事，导致大事难以做成。有的人因为太过纠结于小事，恨不得事事亲力亲为，最终把自己累垮；有的人在合作的过程中，发现对方脾气大、不好相处等毛病，也会对其避而远之，导致失去了一个实力强劲的合作伙伴。这种过于纠结小事的做法都是要不得的。

在我工作的过程中，也曾遇到脾气暴躁的合作伙伴，但对方讲诚信、有能力把事情做好，那他就是一个值得合作的伙伴。同时，如果我将一件事交给一个人去做，我也不会纠结他具体是如何做的，只是会看他做事的结果。

无论是在工作中还是在生活中，我都不是一个会为小事纠结的人。在微不足道的小事面前，我更关心的是大事的成败，这也是我之后创业能够成功的重要原因。

事实上，无论是在工作还是在生活中，我们都不应该纠结于小事。试想一下，如果今天是你生命中的最后一天，你还会选择为鸡毛蒜皮的小事抓狂吗？如果把每一天都当作最后一天来活，鸡毛蒜皮的小事就会消失，重要而关键的大事就亟待解决。比如，在你快失控的时候，不妨停顿一下，问问自己：一年后，你还会那么在乎这件事吗？你会发现，眼前这些“天大的事”，其实都只是微不足道的小事，完全不值得太过在意。

如果我们能学会不再为小事烦恼，就可以获得莫大的回报。许多人就是浪费了太多的精力在为小事抓狂，结果完全忽略了生命中最重要的大事，最后一无所获。当你决心朝这个目标去努力，你就会发现，你有更多的精力可以让自己为大事考虑。

若要成大事，就应不拘小节，只有这样才能避免分散不必要的精力在小事上，才能心无旁骛，专心致志地完成大的目标，才能顾全大局，最终获得成功。不纠结于小事，才能成大事，才能“会当凌绝顶，一览众山小”。

最大的竞争对手是我们自己

很多时候，创业失败本身并不可怕，可怕的是我们接受不了这一现实，难以在失败中振作起来。在创业过程中，我们最大的竞争对手不是别人，而是自己。

很多人都会在创业过程中感到焦躁、紧张、患得患失甚至情绪失控。也有的人思维清奇，乱开脑洞，给自己树了很多假想敌，在向左或向右的抉择中犹豫不决，落得惨败下场。当这些人和别人分享创业失败的教训时，往往会表示创业维艰、人生苦短，但事实上，对于这些人来说，创业是死在了他们自己的幻想中。

很多人认为商场如战场，在市场上与竞争对手竞争是一件十分残酷的事情，以至于将创业当作一件十分悲壮的事情，在做任何决策前都畏首畏尾，害怕面对激烈的竞争。诚然，市场中的竞争是激烈的，但我们也不应过于悲观，不要给自己树立假想敌人，而要勇于开始，勇于前进。

还有很多人在创业的过程中经常患得患失，获得一时的成功就扬扬得意，遭遇一时的打击就一蹶不振。这些都是我们需要避免的。创业是一项长久的事情，在面对成功与困境时，我们应跳出成功与困境本身，站在全局的角度，以长远的目光看待未来应走的道路。可能一时的成功中潜藏着危机、一时的困境中蕴含着机遇，我们需要战胜自己的不稳定情绪，做出更科学的决策。

在创业之路上，除了竞争者之外，自己也是自己的竞争对手。我们需要不断与自己竞争，不断战胜自己的不良情绪，不断在创业过程中突破自己。只有做到这些，我们才能够忽略掉创业路上一时的失败，获得最终的成功。

第六章

用学习的方式链接人脉

在创业的不断尝试中，我渐渐领悟到了，用学习的方式链接人脉是创业的一条捷径。学习讲方法，市场讲机遇，牢牢抓住这两个方面，才能最终获得成功。而学习别人的智慧，可以让自己少走弯路，更快地走向成功。

生命不息，学习不止

第一次创业失败之后，我暂时不去想创业了，而是把更多的时间放在招商演讲上。那时候，经过多年的拼搏，我在招商演讲的圈子里已经十分出名了，每场活动都会遇到很多想来结交我的人，或者向我请教的人。除了有成就感之外，此时的我也更有危机感。因为我觉得我已经很难在自己的工作中进步了，我需要一个新的途径提升自己。

当时我想的就是，我需要认识更多优秀的人来提升自己，让自己有所突破、更快进步。

为此，我去往了许多城市学习，去北京、上海等城市听其他优秀老师的讲座，学习其他老师的课程。同时，我学习的内容也更加丰富、更加精深，以前我学习的内容都是关于演讲、招商、销售促成交这些领域的，而这时我已经在帮一些企业做招商，承接一些招商项目，所以这时候我更需要了解企业的商业模式、招商机制，对企业有更深的了解。除了承接招商项目外，帮企业梳理商业模式也成了我的新工作。

当时，我对这方面的知识储备是很少的，所以我就开始去学习一些商业知识，加深自己对于商业领域、创业等相关知识的了解。在学习的旅程中，我结识了我后来的合作伙伴——资深商业模式咨询策划师马英老师，也结交了许多其他优秀人物。

那时，我专门去北京学习商业模式的课程，在这个过程中结交到了当时做咨询很优秀的一些老师，他们的工作就是帮一些大的公司做咨询策划。一般来说，他们服务一个公司一年的咨询服务费是 100 万元起步的，并会在合作期内为公司提供专业的、个性化的咨询服务。

这无疑让当时的我大开眼界：原来，钱还可以这么赚。

同时，我在学习课程的时候也接触到了一些企业家，一些企业的高管或创始人，听到他们侃侃而谈的时候，我才发现自己真的就是一个“小白”，什么都不懂。之前在成都招商演讲的圈子里，好像大家都觉得我很厉害，我自己也很有成就感，但走出这个圈子之后才发现，自己就像一只井底之蛙，自己需要学习的地方还有很多。

这也是我第一次感受到，原来人与人的认知差距可以这么大。我也理解了为什么这些人可以成为企业家，拉开人与人财富差距的就是我们认知的高度。来到这个地方之后，我更深刻地体会到一点：我要想突破人生的瓶颈，就必须近距离地接触和认识更多比我更优秀的人，只有站在巨人的肩膀上，我才有可能飞得更高。

结识更多优秀的人指的不是加个微信而已，而是能够有机会和他们一起交流沟通，了解他们的想法，进而得到启发。

这次的学习之旅让我有了很多收获，也让我相信，即使我们已经脱离了学校，也永远不能停下学习的脚步。生命不息，学习不止，只有不断学习，才能跟上时代发展的步伐，才能见识到更辽阔的天空并向着更远、更辉煌的目标进发。

不惧怕付出，才能赢来回报

那个时候，我经常从成都飞到全国各地去学习，参加各种商业模式的课程，而我的学习方式和其他人的学习方式也很不一样。

在讲课的过程中，主讲老师会分享很多干货知识，而在课程最后，主讲老师都会销售自己的课程。很多参加课程的学员都是重点关注老师分享的干货，会在老师讲课的过程中记好笔记，而在主讲老师推销课程时就溜走了。

而我和这些人正好相反，除了干货内容外，招商成交的内容也是我十分关注的。所以我不仅会在老师讲 PPT 的时候认真听课，同时在老师销售课程时，我也会认真分析这位老师是怎样促进成交的。同时我会听不同领域老师的讲课，讲商业模式的、讲团队打造的、讲产品打造的、讲股权的、讲营销的课程等。在听这些课程时，我不只关注他们分享的专业知识，更关注他们的成交环节，因为我做招商演讲，我就要把演讲和招商成交研究到极致。

在北京学习商业模式课程时，我曾交到了一个一辈子的良师益友，每每想到这件事，我都会感叹人生的奇妙。

2015 年的时候，我去北京参加一个老师的课程，课程快结束的时候，主讲老师问我们："我计划要写一本书，大家愿不愿意支持我？"讲台下的学员热情高涨，纷纷表示，"当然愿意啊"，"绝对支持"。

主讲老师又说："那你们愿意花多少钱支持？如果这本书定价 38 元，有多少人愿意花钱买它？"话音刚落，几乎所有人都举起了手。"那么如果定价 300 元，还有多少人要买？"主讲老师又问。这时有一些人放下了手，但是大部分人的手还是举着的。"如果定价 3000 元呢？"主讲老师笑着继续发问。这时，大家举着的手几乎都放下了。

就在这个非常尴尬的时刻，突然有人拿着银行卡，走上讲台说：“我愿意花一万元买你这本还没有写出来的书！”你们知道这个人是谁吗？没错，这个自投罗网的“傻瓜”就是我。

我的话一出口，全场寂静一片，又瞬间沸腾。

“天哪，这个人居然愿意花一万元买一本书，什么书能够值一万元啊！”

“这人不会是这老师请来的托吧？就是演的一场戏。”

“这人被洗脑得太彻底了吧，还主动给人加钱。”

“这女孩有魄力啊，重情义，能成大事。”

很多人都被我的“壮举”惊到了，要知道，会场的很多人都不愿意花 3000 元甚至 300 元买这一本书，而我居然愿意花一万元。和其他人理智的行为相比，我这种主动加钱买书的行为显得十分“疯狂”。少数人认为我有勇气、有魄力，但更多的人难以理解我的行为。

会场的人议论纷纷，连主讲老师都愣住了：“你是第一次来听我的课，我们以前素不相识，况且我的这本书甚至都还没有写出来，你为什么会愿意出那么高的价钱来买它呢？”我走上讲台，将自己的银行卡递给主讲老师：“虽然以前我不认识你，但我欣赏你的能力，我想要交你这个朋友，我愿意为你积累的知识和经验付费。我现在就可以刷卡。”

主讲老师听了我的话也非常激动：“既然你用最大的诚意来对待

我，那我自然也要拿出最大的诚意来回报你。你叫什么名字？”“我叫梁宸瑜。”我回答道。随后他握住我的手，转过身面对台下的所有学员大声说道：“我从来没有见过哪个女孩像你这么大气、有魄力，你这个朋友我交定了，所以我直接邀请你成为我这本新书的联合发起人，把你的照片和名字放到这本书的封面上，让更多人知道你。”

主讲老师的话刚说完，会场又一片沸腾，人们都为主讲老师的这个决定感到惊讶，同时为我的幸运而欢呼。

“哇，居然成了联合发起人，太幸运了吧！”

“天啊，一万元换来一个联合发起人的身份，真的是超值！”

“机会都是留给有准备的人的，人家有勇气、敢付出，自然也更幸运。”

在众人的欢呼声中，我接受了这个从天而降的惊喜。我一直坚信付出就会有回报，但从未想过回报会来得如此之快，这也让我知道了我没有看错人。

就这样，因为我给他创造了一个惊喜，所以他也用惊喜回报了我。并且，我大胆的举动给这位主讲老师留下了深刻的印象，也获得了他的赞许。直到今天，我们依然是事业上的良师益友，我真的交到了一个好朋友。

将欲取之，必先予之。我一直坚信，用学习的方式链接人脉是创业者必须要做的。如果你想要与一个人结交，那么一定是他的身上有吸引你的闪光点。在这一方面，他的能力应该是优于你的。那么如果你想要向他学习这方面的能力，最好的方法就是遵循价值交换的原则为之付费。

当然，我们仅仅懂得为知识付费是不够的，还要能学以致用。我们花钱买来了对方的知识结晶，更要虚心向对方请教运用技巧。知识的价值不在于占有，而在于使用。

若想成为人群中的一股力量，便须培养热忱。人们因你心与热诚而更喜欢你；而你也得以逃离枯燥不变的机械式生活，无往而不利。不会有别的，因为人类的生活就是这样，把灵魂放入工作之中，你不仅会发现每天中的每小时都变得更愉快，而且会发现人们都诚恳地相信你。

1 万元成本，换来 200 万元效果

在这场课程结束后，因为我的“壮举”，许多人都对我产生了极大的兴趣。有很多人前来与我攀谈，并且与我互换了联系方式。一些人觉得我的举动很疯狂，还有一些人可能会觉得我很傻，毕竟花一万元买一本还未完成的书听上去确实有些荒唐。但我自己清楚，那天我所得到的资源的价值远远不止一万元。那天的经历不仅让我收获了成交的知识，还让我收获了大量的人脉资源，这些为我后来带来的收益超过了 200 万元。

但当时我愿意为这位主讲老师刷一万元的时候，并没有想这么多。我当时的想法是非常清晰的，就是想交他这个朋友。我不知道他能够给我什么帮助，但是我清楚地知道一个点：人对了，一切就都对了。认可这个人，我就觉得也许当下我不需要他为我做什么，我也不知道他能为我做什么，但是我先要结交他这个朋友，让他能够记得住我，等到未来某一天我真的有需要的时候，可以获得他的帮助。而不是那种遇到困难临时抱佛脚地去求人，这个时候是没有人来帮你的。

如果你没有交下朋友，那别人凭什么要来帮你？我坚信的一点就是，要想让别人帮你，那你就先帮助别人。所以当她问我想要什么的时候，我说出了自己最真实的想法："我真的什么都不需要，我只是认可你，想交你这个朋友。"

事实上，这一万元带给我的不只是多了一个朋友，而且是多了许多朋友，也让我获得了更多回报。现场很多看好我的人纷纷加了我的微信，我的人脉圈也得以进一步扩展。加我的人很多都是企业的高管，邀请我为他们的企业做招商，或者邀请我为他们的员工做演讲，教授员工销售成交技巧之类的。更有意思的是，很多觉得我有魄力的企业高管成了我的粉丝，纷纷来上我的演讲课。

一次，我去北京出差，到了北京之后发了一个带定位的朋友圈。不久之后，就有人在微信上约我吃饭，并说他是当初在那场演讲会上加上我微信的一个朋友。我正好有空闲的时间，便欣然接受了邀约。

等见了面，对方自我介绍过后，我才发现，眼前的这位朋友是北京某公司的高管，他知道我来北京的消息后，便想邀请我为他的员工做演讲。而当时我的行程十分紧张，于是便委婉地说道："我这次来北京是为了参加一个活动，并且之后的日程安排也比较紧凑，可能没有太多时间留在北京。"

哪知他听说后并没有生气，而是说："没关系，时间我们可以再约，自从上次在会场认识了你，我就特别佩服你，想着一定要让你为我们公司的员工讲一场。"

我十分感谢他能够体谅我的工作，便约好了下次来北京的时间。刚刚谈完，我就听到手机响了一声，打开手机一看，原来是他给我转了一笔钱。我顿时愣住了，而他却笑了笑说："我打算报名参加你之后的演讲课，这是我交的学费。"

我感动于对方对我的信任，于是说道："谢谢，您信任我，我也不会辜负您的信任。"

这个故事只是我之后经历的其中一个故事。事实上，不只是会场现场的人，还有很多之后听说这件事的人，都来主动结交我。他们会和我沟通之后的合作，或者愿意为我的工作提供帮助。

不只是我，对于任何人来说都是一样，要想有收获，就必须先付出。尤其是在结交朋友这方面，要想收获朋友，得到朋友的帮助，首先要了解别人的需求，主动帮助别人，主动与人结交。不吝啬对于朋友的付出，当你在遇到困难时，朋友才会愿意回报你。

把别人的长处学到手才是真本事

固守于自己的知识领域并不是最厉害的。打破砂锅问到底，努力把本事学到手，才是真本事。这也是我一直保持着去各处听讲、学习的习惯背后的原因。

我学习的领域远不止招商演讲这一个范围，商务会议、企业策划、产品研发等的相关课程我也会去学，因为商业中很多内容都是相通的，多方面的学习更能培养我整体的思维能力。

在学习的过程中，我见到了形形色色的人，也看到了不同的学习态度。有的学员在主讲老师讲课的时候就在台下窃窃私语，说这个老师哪里讲得不好、口音太重等，或者说自己之前上过别的类似的课程，讲得比这场好多了之类的。

我理解这些人的想法，但我不会挑剔老师的讲课。因为在我看来，一个受到多人尊敬、能够吸引很多人来听课的老师一定有他的过人之处，我只要看到他的长处、学习到他的长处就可以了。至于有的地方讲得不好或者仪态不好、发音不标准这些问题，我是不会在意的。

在招商演讲领域，我已经是业内的一个比较出名的老师，但是我在听别的老师讲招商演讲的课程时，也不会骄傲，不会以批判的眼光看待老师的演讲，而是认真分析这位老师的演讲中有哪些我可以学习的长处。

很多人都过于夸大了自己的长处和别人的短处，难以虚心学习，但正如“三人行，必有我师”，其他人身上也会有很多值得我们学习的长处。不论别人有怎样的短处，把别人的长处学到手才是真本事。如果不学习，盲目打拼，就会一路上跌跌撞撞。当你周围都是米的时候，你选择安逸；当有一天米缸见底，才发现想跳出去却毫无力气。别在最能吃苦的年纪选择安逸，谦卑低调学习别人的长处才是真本事。

学会经营人脉，人脉才会有更高价值

对于企业来说，好的企业是经营出来的。同样对于我们的朋友圈来说，好的人脉也是经营出来的。人们常说，书到用时方恨少，其实人脉资源也是这样。如果等到需要帮助的时候才想起某个朋友，但事实上已经很久没和他联系，那么直接请人帮忙无疑是一件十分尴尬的事情。为了避免这种尴尬，也为了发挥人脉的更高价值，我们一定要学会经营人脉。

我在这方面深有感触，也做出了不少努力。当北京那位主讲老师的书《风口》出版之后，主讲老师把书分享给了他的朋友——经济学博士赵晓。赵老师在这本书的书腰看到我的照片、名字后，对我这个联合发起人产生了兴趣，又从主讲老师那里了解到了我成为该书联合发起人的故事。

赵老师也对我的行为表示了赞赏，了解到我是做主持和招商演讲工作的之后，便联系上了我，邀请我为他公司的年会做主持。在得知这一邀请的时候我又惊又喜，欣然接受了对方的邀请并拒绝了对方给我的报酬。

为了做好这场年会的主持，我提前 5 天到达目的地，和相关人员了解年会的性质、主要内容、全部流程和邀请的嘉宾等一系列内容。在这些内容的基础上，我设计了自己的主持演讲稿，明确了在不同阶段我应该说的话。在此之后，除了将演讲稿背熟之外，我还在年会前独自一人彩排了一遍流程，确保实际主持中不出问题。

在充分的准备下，我圆满地完成了主持工作。年会结束后，原阿里巴巴 O2O 事业部负责人“天机”、芝加哥惠顿高中前任校长乔恩·基斯（Jon Keith）、加州浸会大学副校长拉里·利纳曼（Larry Linamen）表达了对我的工作的高度认可和赞赏，并招呼我合影留念。同时，经过这场年会，我也认识了很多各行各业的朋友，人脉圈大大拓展。对我来说，虽然我拒绝了赵老师想要付给我的报酬，但我收获了更多的朋友，这是比报酬更有价值的东西。

以上便是我经营人脉的一个关键原则：一定要先付出价值，对别人有用，才能得到价值，获得推荐、走得更高更远。

在获得人脉的同时，我们也要知道，如果积累的人脉不持续经营，那么在真正需要对方提供帮助的时候，这些人脉也不会提供价值。因此，我们需要做好人脉的持续经营，和朋友保持持续的联系。

如何联系朋友？一方面，我们需要在事业上及时给予朋友帮助。

例如，我的许多朋友在邀请我做演讲时我都会给予一定的折扣，或者帮朋友进行业务方面的宣传。当一些朋友身处困境，向我寻求帮助的时候，我也会给其力所能及的帮助。

另一方面，我们要注意朋友之间感情的联络，让朋友之间的关系多一些感情味。例如，当我写的新书发售之后，我会特意留一些送给我的朋友们，也会不时地邀请她们参加公司举办的聚会活动。当朋友过生日时，我也会为其送上真挚的祝福。与朋友之间的情感联系体现在日常生活的很多事情上，这些事情可大可小，但却不能不做。

此外，很多人经营人脉时只关注自己所在的行业，对其他行业的人脉则毫无兴趣，这是需要调整的。我们要认识到，其他行业的人脉未必不能够为我们提供帮助，在看待人脉时，我们更需要保持长远的目光。以我自己为例，我在经营人脉时并不太关注这些朋友的行业，如果是同行，那么我们可以互相借鉴经验，甚至成为伙伴；如果不是同行，那么这些朋友在未来的某一天也可能会成为我的客户，或者愿意为我介绍客户。总之，多结交各行各业的朋友，提高人脉的广度是十分有必要的。

最后，在恰当的时机使用人脉也是经营人脉的重要内容。很多人在结交了一些朋友后，便失去了前进的韧劲，一有困难就请求朋友的帮助，在几番挥霍下，前期积攒的人脉所剩无几，最终当自己陷入难以独自度过的困境时，身边早就没有了可以拉自己一把的人。要知道，人脉经营不易，挥霍起来却十分容易。

别让欲望毁了你

在我的事业之路上，我见过太多被欲望迷惑而迷失方向的人。我曾经的一个同事是大家公认的金牌讲师，经过几年的拼搏，获得了不菲的收入。在工作之余，她最喜欢的事情就是买买买，最新款的手机、电脑、名牌衣服和包包，都是她对自己努力工作的奖励。虽然已经工作几年，但她依旧没有存下多少积蓄，遇到急事需要用钱时，还会时不时地和同事借钱。

我曾劝过她花钱不要这样大手大脚，但她却认为她这样的生活态度才是洒脱。我也曾邀请她和我一起去北京学习，但向来在其他方面十分大方的她却接受不了参加课程的费用。以至于后来，在我开始带团队创业时，她还在过着和之前一样的日子。

和这位朋友不同，虽然我有过花一万元交个朋友的壮举，但我在花钱方面却十分理智。在花每一笔钱时，我都会思考花这笔钱是不是必要的。

“非淡泊无以明志，非宁静无以致远。”生活中有各种各样的诱惑，金钱的诱惑、地位的诱惑等。面对这些诱惑，我们必须要坚守本心，明确内心深处真正想要的，拒绝诱惑、欲望的干扰。

当我的事业已经小有所成，每个月按计划演讲就能够获得不菲收入的时候，我想突破自己，所以去各地学习演讲课程。也有人不解：“你已经很厉害了，没必要再去学习了啊。”“你去学习不仅浪费时间，还要花更多钱，如果你把这些时间用来演讲，不仅不会花钱，还会赚很多钱，为什么要去学演讲呢？”

对于这些疑惑，我每次的回答都是为了突破自己，为了梦想。很多人并不理解我的执拗，但我却知道，正是因为心中有梦想、有目标，我才不会被前进路上的欲望所诱惑，才会排除各种干扰始终向着最终的目的地前进。

人生在世，会遇到各种各样的诱惑，阻碍我们前进的脚步，而我们要做的就是坚持自我，不让欲望毁了自己。只有这样，我们才能够迎接更大的成功。

低头付出，抬头看人

在我意识到人脉的重要性之后，我开始有意识地积累我的人脉，而我最常用的方式就是主动为别人提供帮助，主动结交朋友。而由于我太过仗义，又缺乏人生阅历，曾不止一次被朋友伤害过，这也不断提醒着我：在低头付出的时候，也要抬头看看人。

在我做招商演讲越来越出名的时候，很多学员都慕名来加入我的团队，对于这些人，我都会尽心尽力地教他们演讲技巧，教他们待人接物的道理，与其说是师徒，不如说是朋友。因为我当初自学的时候吃了不少苦，所以对于认真好学的学员，我都是十分欣赏的，也会为他们提供力所能及的帮助。但现实告诉我，你对别人好，别人未必会对你好。

那时候，我有一个十分看好的学员，人很聪明，学习也努力，一个月左右就可以完成一场不错的演讲了。每次我为她辅导的时候都会尽力多讲一些她需要注意的细节，为她的提升提供帮助。除了工作之外，我也十分关心她的生活，她心情不好的时候，我会安慰鼓励她，她遇到困难的时候，我也会尽力帮助她。

在相处了两个月左右的时间后，我带她参加了一场演讲活动，她表现得也很出色。活动结束之后，我特意请她吃了一顿饭，庆祝她当天的成功。

饭桌上，我对她说道："今天你表现得很棒，可以出师了，以后也要好好加油！"

但她却显得有些心不在焉，我不免有些担心："怎么了？是遇到什么事了吗？遇到事情了也不要担心，我可以帮你。"

她却沉默不肯说话，在我焦急地问了两遍之后，她才说道："老师，谢谢你对我的培养，但是我打算辞职了。"

我听后吃了一惊："为什么不做了？"

她不敢看我的眼睛，也没有说太多，只是说："我不想做这行了。"

看着她飘忽不定的目光，我知道这并不是真话，我没有纠结她骗我的事情，只是说：“这段时间公司太忙了，正是需要人手的时候，可以再坚持两个月吗？”

她抬头看了我一眼，又默默低下了头。我明白了她的意思，知道强求也没有用，便随她去了。

一顿饭草草收场，我们都没再说话。不久之后，她就辞职离开了公司。又过了一段时间，在我为招商活动忙前忙后的时候，偶然间听同事谈到，原来她当初辞职是去了另一家公司，对方给出了更优厚的报酬。

我叹了口气，知道这种事情不可避免，但是真的遭遇这种事的时候，我还是会感到难过，为自己当初的付出惋惜。

无论是在工作还是在生活中，我都曾遇到过这样的人。当我事业有成的消息传回家乡的时候，很多亲戚朋友，甚至是平常一年也见不到一次的亲戚朋友，都经常来我家做客，而做客的目的不尽相同。

一次我回家的时候，上了车给母亲发了消息，母亲却回我这次不接我了，家里有客人不好出门。等我到了家，刚见到母亲，一个满脸带着笑的阿姨就迎了上来：“哎呀，瑜儿回来了，出息了，人也越来越漂亮了。”

我看了看她，完全不记得这是谁。母亲把我拉进屋，向我介绍这是她曾经的一个好朋友，之前住得远，不经常见面，最近才联系上。

我和这位阿姨打了招呼，便坐在了母亲身边。

阿姨絮絮叨叨地说：“哎呀，实在是现在的日子不好过，儿子刚失业，前段时间不小心被车撞伤了腿，儿媳要照顾人，没办法上班。我们老两口儿老了，也帮不上什么忙，孙子上学、儿子养伤，哪一样不需要钱？我也是实在没有办法了才求到你这里，只希望你能看在我们之前的情分上帮帮我。”说着，阿姨掏出手帕，擦了擦眼角的泪。

听到这，我已经知道这位阿姨是要借钱了。母亲也十分动容，打算借一些钱给她。

想想平时省吃俭用的母亲，我实在不想让母亲出这笔钱，于是便对阿姨说：“阿姨，您把账号给我，我给您转这个钱。”

阿姨十分感动，一边说着谢谢一边从口袋里摸出一张银行卡让我看。将钱转过去之后，阿姨又道了好几遍谢，说着三个月内一定会把钱还给我。

我应了一声，心里想着，如果阿姨家实在困难，晚一些还钱也没什么。

之后的日子里，我并没有把这件事放在心上。日子一天天过去，直到有一天，和母亲闲聊时，母亲问起这件事，我才恍然发现已经过去四个月了。

四个月来，虽然我们互留了联系方式，但阿姨从来没有联系过我。想起这件事，我便想着联系一下阿姨，问一问现在的情况。可谁知电话打了好久却没人接，再打过去，对方就关机了。

当时我的心情可谓五味杂陈，根本想不到对方会以这种方式拒绝还钱，而事实上，对方的号码之后我也没有打通过，想必是把我拉黑了。

经历这种事的我不可能不气愤，气她辜负了我和母亲的信任，也辜负了母亲对她的感情。但我并没有追究这件事，只是告诫自己，以后再也不能像这样信任不熟的人了。

在生活和工作中，我曾经遇到过不少这样的人，我帮助了他们，他们却在我需要帮助的时候消失无踪，甚至有的人会在背后恶意中伤我，完全忘记了当初我对他的支持。这些事情都在不断地提醒我：在帮助别人的时候，也要看一看对方是不是值得帮助的人。

我们不能只低头付出，更要抬头看人，很多人并不值得我们付出。如果选择错了付出的对象，为不值得的人付出，那么再怎么努力都是徒劳。因此，即使我们拥有一颗愿意为他人付出的热忱的心，也要擦亮眼睛，看清对方的真面目。在确定对方不值得我们付出之后，我们就需要及时收手，及时止损。

第七章

挨过谷底的黑暗，才能更好地抓住光明

人生在世，会遇到形形色色的人，经历各种各样的事，其中，人生不如意之事十有八九。但对于我来说，幸运女神好像极少眷顾过我，每次我的生活一旦有些起色，命运就会再一次将我拽入深渊。在一次次与命运抗争的过程中，我也在不断成长。只有挨过谷底的黑暗，才能更好地抓住光明；只有身处谷底也不放弃，才能够迎来黑暗过后的光明。

接受人生的无常，是成长的必修课

我们的努力与命运的轨迹交缠在一起，很多时候，我们都相信自己的努力可以改变命运的轨迹，但是未知的命运仍存在诸多变数。当我们为自己的努力感到欣喜时，命运可能会给予我们一记迎头痛击，然后庄严地宣布：我才是你们人生的主宰。

就在我的事业蒸蒸日上的时候，我曾经的一个同事联系上了我，说自己打算创业，但是差一些本钱，想让我帮帮她。

其实这个时候我是有一些犹豫的，因为有过借钱给亲戚但对方不还钱的经历，但是我又觉得，这个朋友和那个不认识的亲戚不一样。我曾经教过她演讲，后面又共事很久，有很深的感情基础，并且我知道她演讲能力很强，创业的话应该没有问题。

这样想着，我就借给了她 26 万元用来创业，她也承诺等创业有发展、资金周转开之后就还钱。那时的我并没有想到，我的命运将会跌入漆黑一片的谷底，而到那个时候，我才会知道这 26 万元有多么重要。

一天，我正在为接下来的一场演讲做准备的时候，接到了妹妹的电话。我刚按下接通键，妹妹的哭声就传了出来，我心中一紧，连忙问她出了什么事情。妹妹在电话那头抽噎着、颤抖着说：“姐，快来医院吧，妈妈得了肝癌，现在已经是晚期了……”

后面妹妹再说什么，我却感觉什么也听不到了，一阵无力感袭来，我差点瘫倒在地。问清医院的地址后，我急匆匆就打车来到了医院。

在去医院的路上，我还没有接受这个现实，我一直在想，不可能，一定是医院诊断错了。我之前也在医院做护士，做了很多救死扶伤的工作，积攒了那么多的福报，命运怎么会让这么残忍的事情发生在我妈妈身上呢？

到了医院之后，我跑进妈妈的病房。这时的妈妈嘴里“啊啊”地喊着，疼得在病床上打滚。看到这么痛苦的妈妈，我的眼泪一下子就控制不住了。我冲过去握住母亲的手，母亲也用力地抓着我的手，我被母亲抓得很疼，但我知道，母亲身上更疼。

从病房出来以后，我的情绪就崩溃了，在走廊里大哭，妹妹也抱着我大哭，父亲也很崩溃：“怪我，怪我，几个月之前你母亲就和我说过身体不舒服，我只当是累到了，没放在心上，直到她今天突然晕倒了，把她送到医院里，才查出来是肝癌，已经是晚期了。”父亲说完，双手捂着脸，呜呜地哭了起来。

我的心里一阵阵绞痛，仍不敢相信这个事实。我拿着母亲的检查报告冲进医生的办公室，把检查报告摆到他面前，哭着问他：“医生，是不是诊断错了，我妈妈是不是没有得肝癌？”

医生叹了口气，又拍了拍我的肩膀：“你的心情我能够理解，但是诊断没错，现在也只能积极治疗了。”

我还是不信，拿着检查报告来到我曾经上班的医院，问了那里的医生、主任，甚至是院长，但是他们给我的答复全都是“真的是肝癌晚期，没诊断错”，“现在癌细胞已经转移了，保守估计也就还有三个月的时间。”

听到这些，我心里最后的一丝侥幸也没有了，只有一个念头：无论付出怎样的代价，我都要治好妈妈。我真的不敢相信会有这么残酷的事情发生在我妈妈身上，她还那么年轻，还有那么多人生的美好没有体验过，还没有看到妹妹完成学业，还没有看到我成家立业，这种时候，母亲怎么能离开呢？

决定了要让妈妈治疗之后，我就暂停了我的工作，专心留在妈妈身边。这时候，父亲已经快60岁了，妹妹还在上学，只有我有足够的时间和精力照顾母亲。在母亲人生最关键的时刻，我必须陪伴在身边。

这时我才发觉在之前的日子里，陪伴母亲的时间是那样少。我没有发现母亲身体的变化，直到母亲进了医院，我才知晓她的病。每每想起此事，我都悔恨万分，总是想着：也许我多回家几次，多问问母亲的身体状况，或者在有钱了之后定期陪母亲做体检，可能母亲就不会遭受如今的痛苦。但是，生活没有回头路，更没有如果。

在无尽的悔恨与自责中，我更积极地为母亲寻求治疗，我们去了很多家医院，看了很多医生。我也飞去全国各地，咨询了许多专家，并把母亲转到了更好的医院，接受更好的治疗。

在平时与母亲相处的过程中，母亲想吃什么，我一定会去买来，母亲想做什么事，我也一定会帮母亲实现。

夜深人静的时候，守在母亲身边，看着母亲因为疼痛而不安的睡颜，我的心里痛苦万分。我不止一次向上天祈祷，祈求母亲的身体好起来，我愿意承担母亲的痛苦。这个时候，我才有了“子欲养而亲不待”的恐慌，一直以来，我在外面打拼，总想着多挣些钱，回报母亲，但却并没有料到母亲会生病，会更早地离开我。在无常的命运面前，我最普通的渴望都显得那么可贵。

那个时候，我才深刻意识到命运是多么残酷和无情。以前，在工作中，我是公司里的亮眼新星，会被很多人尊称为“老师”，会有很多人带着崇拜的眼光看着我，请我指点迷津；在生活中，我是亲人朋友眼中的“别人家的孩子”，虽没有上过大学，但我却在更艰难的环境中锻炼了自己，通过做演讲实现了自己的价值，能够有能力孝敬父母。很多亲戚在聊起我的时候，再也不会不屑一顾，而是夸赞我的成功、夸赞我的孝顺。

直到现在，当我知道母亲患癌的时候，才知道自己并不是无所不能，才知道自己是多么无力。心情崩溃的时候，我也想过逃避，早上醒来的时候不敢睁开眼，不敢面对这残酷的事实。但想到还在病床上的母亲，我又恨不得打自己一巴掌，我可以逃避，母亲可以逃避吗?我没有让母亲享太多福，在母亲最痛苦的时候，最需要我的时候，我一定要陪在母亲身边。

命运带给我的一切苦难，我都接受，但我不会“躺平”，即使在深陷最黑暗的深渊中，即使前路的希望渺茫，我也永远不会放弃。

想哭就哭，不必强忍悲伤

当我停下工作，没有收入，又要面对母亲的巨额治疗费用时，我感到了深深的恐惧和无力。当时的我还有一些积蓄，但依旧是杯水车薪。

家里本就没有什么积蓄，妹妹还在上学，生活的重担全都落在我一个人的身上。治疗是一个无底洞，在坚持了快一年之后，我的积蓄也用光了，但我不能放弃母亲。

我想到了当初创业借我钱的那个朋友，便想着将那 26 万元要回来给我妈妈治病，可谁知我打过电话去，那边却提示是空号。我一下子慌了手脚，联系了几个朋友，朋友们也说联系不上她。

那个时候，我真的有一种天塌了的感觉，完全没想到当初那么亲密的朋友，会选择借完钱之后人间蒸发，还是在我最需要钱的关键时刻。我忍不住崩溃大哭，恨朋友的欺骗，更恨自己为什么还是如此天真。

那个时候，家里能卖的东西已经全都卖了，已经没钱了，我也没钱了，要想让母亲继续治疗，只能借钱。

借钱的时候，人是最没有尊严的。为了多借到一些钱，我向曾经工作过的医院的同事借钱，向现在的同事借钱，向亲戚朋友借钱，不论之前我们有什么过节儿，只要对方肯借钱给我，我都会感激他。我会为借的每一笔钱做好记录，并决心要尽快还给他们。

借钱的过程无疑是很困难的，大家都知道这个病是一个无底洞，很多亲戚都劝我："已经治疗了这么长时间了，花了这么多钱了，孝心也尽到了，还是不要治疗了。""是啊，你也要为自己的将来想想，你现在还没有结婚，借钱欠下债后，婚事就更加难了啊。"很多人都不愿意借钱给我，怕我还不上，或者觉得我不懂事，是在意气用事。

这些劝说我都没理，别人愿意借钱给我，我感恩，别人不愿意借钱给我，我也能够理解。但无论别人怎么劝我，我的想法都不会变，哪怕让妈妈多活一天，那也是很宝贵的，也是值得的。在我的坚持和努力之下，我从亲戚、朋友、同事那里借了大约 30 万元，继续为母亲治疗。

那个时候，母亲的身体状况已经很不好了，腹部被腹水高高撑起，经常疼得整晚睡不着觉。在病痛的折磨下，母亲食欲不振、进食困难，经常把刚刚吃下去的食物吐出来。在长久的折磨之下，母亲日渐消瘦、形容枯槁，常常流鼻血或牙龈出血。看着母亲憔悴的面容，我心如刀绞。而每当我难过地哭泣的时候，母亲总是温柔地对我说："瑜儿，不要哭，妈妈不痛。"我知道母亲在骗我，心中更加悲痛。

在知道我在借钱之后，母亲多次和我说她不治了，让我不要再借钱了，但都被我拒绝了。

记得那天，母亲躺在病床上，一遍遍地抚摸着我的头，最后说道："不要再借钱了，这个病治不好，现在借了钱，以后你可怎么办啊。"说着，母亲红了眼眶："是妈妈拖累了你，你好不容易有了好工作，攒了一些钱，现在什么都没有了，妈妈对不起你。"

听到母亲这样说，我再也忍不住眼中的泪水，一把握住了母亲的手："妈，你不要这样说，世界上最爱我的人就是你，如果你不在了，我工作挣钱还有什么意义？病是肯定要治的，你不要担心钱的事。"

母亲看到我眼中的坚持，最终点点头，眼泪却流得更多了。我为母亲擦着眼泪，自己的眼泪却止也止不住。

到了后来，母亲的身体状况不断恶化，我陪着母亲定期前往医院抽腹水，输白蛋白、血小板。渐渐地，母亲的身体撑不住了，开始整月整月地住在医院，化疗的频次越来越高。对我来说，每次去拿母亲的化验结果都是一种煎熬，既希望母亲的身体能够好转，又怕即将面临的是更坏的结果。

经过很长时间的治疗，母亲的身体越来越差。聊天的时候，母亲不再和我说自己的身体状况，也不会主动问检查结果，而是越来越多地和我讲起过去，讲起我刚出生的时候她是多么惊喜，讲起我和妹妹在成长过程中带给她的温暖。后来，母亲和我说："瑜儿，我多希望能够看着你和你妹妹结婚，看到你们都过上幸福的日子，但是我的身体不行了。现如今我也不想在医院里熬过最后的日子，带我回老家吧。"

我听得泪流满面，最终还是同意了母亲的请求。我带着母亲回到了四川老家，每天为母亲做饭，陪母亲聊天。清晨或傍晚，母亲会让我带她出去逛逛，走在乡间的小路上，母亲的思绪也越飘越远，和我讲了很多以前的故事。

一天，我做好了晚饭，喊父母吃饭的时候无意间听见他们在聊天。

“我今天去看了看北面的地，周围挺清净的，等我死后就把我埋在那里吧。”母亲平静地说道。

“别想那么多，好好养身体。”父亲劝道。

母亲又说：“早晚的事，我的身体我知道。”

父亲不再说话了，二人相顾无言。

门口的我早已流下泪来，我一直以为母亲喜欢出去逛逛只是为了寻找曾经的记忆，从没想过母亲是在提前选择自己的墓地。忍着眼泪回到自己的房间后，我终于不再忍耐，趴在床上崩溃大哭。我不敢去想母亲的心境，只觉得悲痛万分又无能为力。

哭过一场之后，我擦干眼泪，重新来到父母的房间门前喊他们吃饭。饭桌上，我忍着眼泪没有哭，之后也从未和母亲提起这件事，怕母亲更加伤心。

那时，每次看着母亲的时候，我都在心里祈祷让母亲陪我久一些，然而最终，母亲还是离开了我。看着母亲静静躺在床上，已经不能再像以前那样温柔地看着我，我心如刀绞。我跪在母亲的床边号啕大哭，期待母亲能够再看我一眼，但这终究是幻想。

治疗的过程是我们和死神之间的一场拉锯战，在多方借钱、多方寻求治疗的过程中，母亲多坚持了一年。从母亲确诊到去世，一共经历了一年零三个月，比之前医生预测的三个月多了一年时间。但是我依旧接受不了这个事实，感觉我的世界一片黑暗，再也没有一丝亮光了。

回想起从小到大母亲陪伴我的点点滴滴，眼泪瞬间又冲出眼眶。从小到大，母亲都是守护我的人。小时候，母亲用柔弱的肩膀为我撑起一片天；长大后，母亲也是我努力工作的动力。而在我还没能为母亲做些什么，没能让母亲享受生活的时候，母亲却猝然远去，留给我的，只有遗憾。

收拾母亲遗物的时候，我从母亲的柜子中翻出了一瓶喝了一半的葡萄酒，这是我挣到我人生中的第一个一万块钱的时候给母亲买的。那时候，我发了工资，兴冲冲地给母亲打电话，问母亲想要什么，母亲只说想要一瓶葡萄酒，想尝一尝葡萄酒是什么味道。

之后我回家的时候就为母亲带了一瓶葡萄酒，母亲高兴极了，小心翼翼地倒了一小杯，轻轻抿了一口，才对我说："哎呀，终于知道葡萄酒是什么味道了。前几年有一次我去走亲戚的时候正好看到对方在喝葡萄酒，当时我就想尝尝是什么味道，但是人家一见我进门，就把酒收起来了，最后也没有尝到。现在总算如愿了。"

我听得心酸，忍不住安慰母亲："妈妈，过去的事情不要想了，你要是喜欢喝我每次回来都给你带。"母亲高兴得连连称好。

但是后来，在越来越忙碌的生活中，我忘了这件事，再也没问过母亲的葡萄酒喝完了没有，母亲也从没再提过这件事。

母亲的衣柜里放着不少衣服，但都是平时她自己买的很便宜的衣服，我给她买的衣服都被压在了柜子下面，显然是不经常拿出来穿的。见我盯着这些衣服走神，父亲说："你妈妈可宝贝这些衣服了，平时都不会穿，只有你回家的时候或者参加别人婚礼的时候才穿。”

听到这些，我又忍不住泪崩了。我总是以为多给母亲钱，多给她买东西就是尽孝，但事实上一向节俭的母亲现在依旧节俭。现在，看着母亲柜子里的半瓶酒，看着母亲小心保存的这些衣服，我的心中被自责填满。我对母亲的关爱并不是那么细心，总是潜意识地认为我和母亲相处的时间还长，但我并不知道，来日方长只是我的错觉。

在我有能力回报母亲之后，我曾经写了一个包括 10 条内容的心愿清单，其中的每一项都和母亲有关，如“带母亲吃一次西餐”“带母亲出去旅游”等，但直到母亲去世，心愿清单上还有很多事情没有做。而这些没有做的事，都成为我心中沉甸甸的遗憾。

那个时候我才明白，人生什么都能等，只有孝顺父母不能等，因为我们不知道明天和意外到底哪个先来，不知道我们成功的速度是否能够赶得上父母老去的速度。

那段时间，我是没有办法接受这个事实的，也很自责。母亲呵护我和妹妹成长，自己却没有过过几天好日子，在我有能力回报母亲之后，母亲又在病痛的折磨下离世。这对我的打击是巨大的。

在那之后，我消沉了一段时间，每每回想起母亲对我的种种关怀，回想起母亲遭受的病痛，我都泪流满面。在母亲临终之前，曾经叮嘱我要照顾好自己，努力生活，我也知道我需要振作，需要继续努力。但我仍需要一段时间尽情悲伤、尽情哭泣。

越是人生低谷，越要努力寻找光亮

母亲去世之后，我的人生陷入了低谷。在此之前，我努力工作、努力赚钱的动力就是为了让母亲过上更好的生活，但是现在，支撑我努力的动力已经不在了。我的精神世界一下子崩塌，不知道我还可以为了什么而努力生活。但是这时生活的重担压在我身上，逼迫我不得不前进。

母亲不在了，但是我们的生活还要继续。妹妹还在上学，父亲已经快 60 岁了，除了在家务农外也没有任何收入，家里唯一的经济来源就是我。而当时的我已经一年多没有上班了，积蓄已经花完，还背着 30 万元的负债，我身上的压力可想而知。

因此虽然我心中悲痛，但仍要打起精神努力生活、努力赚钱。因为如果我再不去赚钱的话，可能我的妹妹就要去打工了，甚至可能我的父亲都要去找一份工作。父亲已经快 60 岁的年纪了，还能做什么工作呢？最多也就是找一个保安的工作，每个月赚 2000 元左右的工资。即使妹妹和父亲都去工作，也挣不到多少钱，对于家里欠的债而言更是杯水车薪。

但是我想得更多的是，让他们出去工作会更让我难过。与其这样还不如让我自己扛起这份压力，为妹妹和父亲撑起一片天，让妹妹能够安心学习，让父亲能够安享晚年。

想通这些之后，我就重新回到了成都，开始了我的赚钱还债之路。我的还债之路可以说是十分疯狂的，在那段时间里，我疯狂地接项目、接活动，经常从早讲到晚。整整一个月的时间，我几乎没有一天不在工作，不是在做演讲，就是在想方案。

那个时候，因为经常连续演讲，我的嗓子肿到咽东西都很疼；因为长时间站立，我的脚肿到穿不进鞋子；因为长时间没有按时吃饭甚至不吃饭，我的胃也向我提出了抗议——在一次演讲结束后，强忍着胃痛的我再也站不住，扶着墙蹲在了地上。

当时我的一个同事，也是我的一个好朋友马上发现了我的异常，并将我送到了医院。在帮我忙前忙后挂了号、拿了药，看着我输上液之后，她才在我床边坐了下来："你说你身体怎么样自己不知道吗？为什么要强撑着？平时总是忙得不吃饭，这下病了遭罪了吧？"

冲我发了几句火，她才软下声音："我知道你着急还钱，但也不能这么糟蹋自己的身体，慢一点还钱又能怎么样？大家都能理解的。"

我知道朋友对我发火是为我好，怪我太不爱惜身体了，之前母亲在治疗的时候，她也曾借给过我一笔钱，于是便说："我知道了，今天谢谢你了，你也忙了一天了，快回家休息吧。"

"不用管我，我身体好得很，你快休息休息吧。"朋友并没有走，而是在旁边耐心地陪伴着我，帮我喊医生、给我倒水，最后还送我回了家。

我很感谢在我身处低谷时给我帮助的朋友，但我也知道，别人借给我钱都是情分，我要尽自己最大的努力尽快回报他们。这 30 万元就像一座大山压在我身上，在没有还完钱之前，我都没有办法在他们面前抬起头来。而且这个时候，我还没有从母亲去世的打击中走出来，一旦闲下来，我就会不由自主地回想母亲的音容笑貌，沉浸在母亲去世的悲痛里。为了让自己振作起来，我只能拼命地工作，用工作麻痹自己。

拼命工作了一个月之后，我终于还清了 30 万元的负债，现在想起来还是觉得不可思议。

经历了如此多的波折，我越发觉得，在紧要关头不放弃希望，咬牙坚持到光明重返的那一天是多么重要。无论我们处于怎样的黑暗中，都要有勇气去寻找光明。当我们需要光亮的时候，说明我们还没有灰心，还有积极进取的心；当我们想去找光亮的时候，说明我们已经变得很勇敢、无所畏惧；当我们奋起奔跑，向着光亮出发的时候，说明我们是值得尊敬的；当我们给别人送去光亮的时候，说明我们是有爱心和温暖的。所以，我们不要去抱怨自己没有光明之路可走，而是要实际行动起来，自己去寻找那一抹光亮。

我们每个人都是普通人，没有超凡的能力，也没有天然的优越环境。我们每个人都要去努力拼搏，在人生的道路上跨过一道道鸿沟，去追逐微弱的光芒。每个人都有低谷的时候，越是低谷，越能看出一个人的能力。有的人坐以待毙，有的人奋起反抗，在这样的处境下，心态决定一切。我们只有在最黑暗的时候努力去追寻光，才能走出人生的低谷。

尽管身处困境，也要做向阳花

人有悲欢离合，月有阴晴圆缺，此事古难全。在人生路上我们会遇到许多难以预料的事，遭遇很多磨难，但我们不应就此消沉。即使身处困境，我们也要做一朵向阳花，用积极的心态和乐观的精神去面对它。

在母亲确诊患病到母亲去世的这段时间，我扛下了巨大的压力，没有工作，支出无数笔医药费，在别人都劝我放弃治疗的时候坚持借钱给母亲看病。那个时候，很多人都在为我考虑，但我完全不会考虑自己的未来，我考虑的只有母亲，只有现在。

在因为压力而崩溃，因为令人绝望的未来而崩溃的时候，我也不会在亲人朋友面前哭泣。多少个夜晚，我都会压抑得崩溃大哭，但白天在人前，我仍然要乐观地面对一切。

母亲去世后，我曾有一段时间感到十分绝望，做什么事都没有精神。我不止一次埋怨过老天太过残忍，母亲一辈子都在为家人奉献，吃了数不尽的苦，受了数不尽的委屈，而在家庭生活好转，母亲可以安享晚年的时候，又因疾病猝然离世。我也不止一次想过人生的意义，想人活着是为了什么?

那段时间我的情绪极其低落，甚至觉得我的人生也没了意义。白天，望着院子、扫过厨房，哪里都浮现出母亲的身影。晚上，母亲也时常走进我不安的梦里。

一天早上，我睡醒了，但仍赖在床上不肯起床，仿佛不睁眼就不必面对这残酷的现实。这时，耳边却传来了母亲的呼喊："瑜儿，几点了还不起床，早饭都做好了，快起床吃饭了。"

我一惊，从床上弹起，衣服也来不及换便跑向厨房，果然看到了在厨房忙碌的母亲，母亲做了红油抄手，正在往厨房外端。我怔怔地看着母亲，眼里不由得涌出泪来。母亲看我哭了也吃了一惊，连忙将手中的碗放到一边，过来给我擦眼泪。但还没等母亲碰到我，她的身影就慢慢变得模糊，最终消失不见。

我大喊着母亲冲过去，却抓不到母亲，心中又惊又急，猛然惊醒。感受着空荡荡的房间，望着窗外稀疏的光影，我才意识到刚才的一切都是一场梦，而枕边已被我的泪水打湿。

这时天已经快亮了，我心中对母亲的思念更加强烈，再也睡不下去，便起身来到了厨房。忙活了一小时左右，我为家人做了一顿早饭——母亲生前最爱做的红油抄手。这时，父亲和妹妹也起床了，我招呼他们洗漱吃饭，将早饭端上了餐桌。

饭桌上，三个人默默无言，妹妹却小声啜泣起来："之前母亲最爱吃红油抄手了，我都知道的，但从来没给母亲做过。"父亲也叹了口气，放下碗筷，吃不下了。

望着满脸忧伤的妹妹和父亲，我突然顿悟：现在家里只剩我们三个人了，如果大家都不振作，那以后的日子该怎么过？作为家里的老大，我身上背着沉甸甸的责任。

我安慰父亲和妹妹："别太难过了，别忘了妈妈对我们的嘱托，她希望我们能够坚强乐观地过好以后的日子。"

从这之后，我更意识到了自己身上的责任，也明白了自己必须从痛苦中走出来，为父亲和妹妹做好表率。有了这个想法后，我就很快离家，重新回到成都工作了。

回到成都之后，我又见到了曾经的同事们，大家都对我表示了安慰和欢迎。也有一些同事和我说："之前还很担心你，怕你就此一蹶不振，现在终于振作起来了，大家都很欣慰。"我笑了笑："沉浸在过去的人是没有未来的，即使身处困境，我也要直面未来，做一朵向阳花，向着阳光的方向努力。"

对于任何人来说都是如此，我们要有直面困境的勇气和走出困境的信念。在现实生活中，要么是你去驾驭生命，要么是生命驾驭你。我们的心态决定了谁是命运的主导者。影响我们人生的不仅仅是环境，还有我们自己的心态。心态决定了个人的思想和行动，也决定了每个人的视野、事业和成就。

成功者与失败者之间的差别是：成功者始终用积极的心态、乐观的精神支配和控制自己的人生。失败者则刚好相反，他们的人生被种种失败与疑虑所支配。不可否认，成功与机遇总是伴随着乐观积极的人，失败总是伴随那些消极悲观的人。对于还在人生路上打拼的我们来说，只要敢于正视未来，选对积极心态，敢于对"不可能"说不，就能更快走出困境，最终获得成功。

什么都能丢掉，但请留下信念

每个人都有遭遇人生低谷的时候，处于人生低谷中，以往我们人生中的辉煌都已烟消云散。这时，我们可以抛弃曾经的骄傲、曾经的自尊，但唯一不能抛弃的，就是曾经的信念。心中有信念，我们才能够抵御低谷中的严寒，才能够用信念为自己疗伤。

人生究竟是喜剧收场还是悲剧落幕，就在于我们是否有坚定的信念。只有拥有坚定的信念，我们才能够成功地穿越人生中幽暗的峡谷，到达希望的彼岸。在我命运多舛的短短二十多年中，我经历了一系列的磨难，也成功扛住了这些磨难的打击。

母亲在世的时候，让母亲过上更好的生活、让母亲为我这个女儿感到骄傲是我努力的信念。

而母亲去世后，我的精神世界轰然倒塌，不知道自己还可以为了什么而努力。在母亲的葬礼上，我也曾认真地思考过人生的意义，思考过死亡。但一想到母亲抚养我和妹妹的艰辛，又为内心的怯懦感到不齿。母亲一直在拼尽全力地生活，我又有什么理由逃避呢？

我又想起母亲临终时对我的嘱托："瑜儿，不要怨你爸爸，他毕竟是你的亲人。你妹妹还在上学，你爸爸年纪也大了，我只能把这个家托付到你手上，照顾好自己，照顾好家人，都好好地生活。"

母亲去世后，她对我的嘱托就成了我的信念。我要更加努力，才能不辜负母亲。在此之前，我对于赚钱没有很强烈的欲望，总觉得自己还年轻，应该多学习、多成长，所以才会去全国各地学习演讲。

而现在母亲的去世让我知道了，虽然我还年轻，但我的父母却等不起，我必须尽全力尽早回报我的家人。在还完债之后的时间里，我还是很努力地工作，三个月之后就为父亲买了一套新房子。

搬家的那天，父亲格外激动，似乎他也没有想过自己这辈子还会有一套新房子，没有想到过这个曾经差点被家里送出去的孩子会这么有出息。看着装修好的新房子，我喃喃地说："看这房子多好，可惜母亲见不到了。"父亲沉默了半晌，最终说："你母亲很好，她的坚持是对的，你和你妹妹也很好。"

我没有说话，心中更加感恩我的母亲。

母亲去世之后，我对父亲和妹妹更好了。我会给父亲很多生活费，经常回家看望他，会支持我妹妹读研究生，让她专心学习不必为家里的事情担忧。我希望父亲能够安享晚年，妹妹能够享受更加精彩的人生。不只是因为母亲的嘱托，更是因为，母亲的去世让我更加意识到了家人和亲情的可贵。

直到现在，母亲依旧是我努力生活的动力，依旧是我心中的信念。每次遇到挫折的时候，我都会想起母亲为我、为家庭的付出，心中都会燃起熊熊斗志：面对生活中的种种磨难，母亲从没有放弃过，我又有什么理由放弃呢？

每个人心中都应有信念，这是我们面对困难依旧不放弃的动力。人一旦失去了信念，就会失去生活的方向感，只要有了信念，有了方向，人生才会变得精彩，我们也会因为心中坚持的信念而努力突破自我。

我的信念很简单，那就是要始终坚持，不轻易放弃。这个信念来自于母亲的嘱托，也来自于我对家庭的责任感。我知道自己不够聪明，但我可以加倍努力，只要我足够努力，就一定能够成长，最终获得成功。秉承着这种信念，我一直坚持到了现在，才有动力克服创业路上的种种磨难，有了今天的成绩。世上无难事，只怕有心人，只要我们愿意去努力，没有什么事情是做不成的。

有了信念以后，我们才能够在奋斗中收获更多精彩。即使暂时没有成功，我们一直以来坚持的信念也不会辜负我们，只要再坚持一点，成功终会来临。

吃过苦，更学会感恩

纵观我人生的前 20 多年，命运对我的打击接连而至，每次我的生活刚刚有所起色，就会迎来更大的打击。但我从没有放弃过，这些苦难磨砺了我的性格，让我得到了成长。面对生活，我不仅能够吃得下苦，还能够以感恩的心态面对所有对我好，在我困难时给我帮助的人。

在我遭遇生活的打击，在我最无助的时候，有的人嘲讽我，有的人回避我，但也有一些人会安慰我，帮助我。对于这些人，我永远感恩。

母亲病重，我刚刚辞职回家的时候，很多人都知道了这件事，纷纷向我询问消息。一般都是询问母亲的病情，或者询问我是不是真的辞职了，对于这些询问，我都耐心地回复了。几个朋友对我的处境表示了担忧，并说如果缺钱的话他们可以给我提供一些支持，我也都谢过了。

其中让我印象最深刻的就是我的一个朋友，在得知这件事后马上就给我转了一笔钱，我当时又惊又喜，和她说了我现在还有一些积蓄，她却不为所动："我知道你有钱，但治这个病谁也不知道以后会花多少钱，这个钱是给你安心的，无论怎么样，别忘了还有朋友在你身边。"

听到这些，我的眼眶马上就红了。我知道，这时候愿意主动借给我钱的都是真朋友，并且这个朋友的工资也不高，给我的这笔钱都是这几年工作攒下的。我收下了这笔钱，发誓一定要尽快还给朋友。

后来，当我重回成都工作赚到钱后，我第一个还的就是这个朋友的钱。一开始她并没有要这笔钱，只说当时就是给我尽孝心的，没打算让我还钱。但我还是执意将钱还给了她，别人对我的好我都记得，也不会忘了回报。即使之后的生活越来越平稳，我也并不骄傲，而是怀着感恩的心，善待所有对我好的人。

那时，我的团队中有一个同事，一个比我小两岁的小姑娘，也遭到了生活的打击——她的母亲也因病住院，不同的是，她的母亲并没有得什么大病，只是需要进行一场手术。

那时，她经常跟我请假去医院看望母亲，我都应允了。我也曾看到她偷偷在角落哭泣，询问过后才知道，因为她刚工作不久，所以拿不出足够的钱给母亲做手术。知道这件事的我马上就借给了她一笔钱，让她尽快交上手术费。

小姑娘流着眼泪，对我说一定尽快把钱还给我。但当时我想的是，只要这钱能够救一个母亲的命，即使她不还我，我也能够接受。因为自己吃过苦，所以更学会感恩，因为自己吃过苦，所以对身处困境的人更加关心。

但事实上，这个小姑娘也是一个知恩图报的人。在她的母亲病愈后，她特意请我吃了顿饭，送了我一些家乡的土特产，郑重向我表示了感谢。在之后的工作中，小姑娘也十分认真努力，最终将这笔钱还给了我。

现在，经历过种种磨难的我更能够以平常心面对生活中的阳光与阴霾。我相信，人生没有白走的路，没有白吃的苦，每一份经历都是未来的基石与铺垫。所以，在面对苦难时，不要钻牛角尖，不要怨天尤人，而要以发现生活希望的眼光，留意别人对我们的帮助，以感恩的心态面对生活。

一路跌跌撞撞走来，从迷茫到清醒，我也学会了领悟生活。在这个过程中，生活就像一场修行，让我从青涩走向了成熟。曾经对未来的惶恐和不安都在我渐渐成长的过程中消失，留下的只有内心的淡定与笃实。常怀感恩之心，让我更能忽视生活中的阴霾，领略到生活的美好。

第八章

生命不止，步履不停

生命就像一条河流，奔腾不息，人也只有不断怀揣着梦想奋斗，才能将生命的潜能发挥到极致，才能不负宝贵的时光。正是因为经历了太多苦难，我更珍惜时光的宝贵，更珍惜生活的美好。只要生命不息，我追求梦想的脚步就不会停，只有这样，我才能笑对从前的苦楚，更坦然地迎接未来的风雨和阳光。

别把平台的强大当作自己的能力

重新工作了一段时间之后，我从成都来到了北京，依旧从事招商演讲的工作。当我的生活走上正轨，越过越好的时候，我渐渐开始不满足于现状，还是想着创业这件事。当时我们一家人已经有了安稳的生活，并且我觉得自己也还年轻，便来到了广州，决心进行第二次创业。

当时我来到广州的时候，可谓是一穷二白，有的只是几个曾经在别的地方听过我演讲的广州的学员。但我还是没有改变自己创业的想法。之前在成都或者在北京做演讲的时候，我只是公司平台的一个老师，签约平台为他人讲课。来到广州之后，没有了平台的助力，一切都要靠我自己。这时，我才恍然意识到：没有平台，我可能什么都不是。

工作久了，人们很容易产生一种幻觉，即认为自己所获得的一切都是靠自己的能力得来的，而忽视平台的作用。脱离客观环境评价自己能力的后果就是无法正确判断自己的能力与所处的环境。

当我在之前的公司做主讲老师的时候，不得不承认的一件事就是公司的确给我提供了一个很好的平台。很多客户签约不只是认可我的能力，同时也是认可公司的实力和声誉，在公司声誉的加持下，我的工作能够更顺利地开展。

很多时候，一个人的才能是1，平台每在一个人的“1”后增添一个“0”，这个人的能力就涨了十倍。借助平台的赋能，个人能够发挥出更大的能力，但这并不是个人自身的能力。平台能够为个人的能力镀上光环，使其能力的光芒更加耀眼，而离开了平台，个人的能力也将大打折扣。

来到广州之后，没有了平台的助力，我才意识到自己的渺小。但我并没有因此气馁，因为我创业的初衷就是成立一个自己的教育培训的平台，有自己的公司，而不只是一个签约导师。凭着对这个初衷的坚持，我开始了从 0 到 1 的创业之路，我知道，即使前路再艰难，我也不会放弃。

对于初创公司来说，寻找到一个学员、一个客户都是不容易的。那时候，公司刚刚成立，租的场地还在装修，一切都在筹备中。一天，一个曾经听过我演讲的听众想要和我谈合作，便根据名片上的地址找到了公司。但那时公司的装修还没有完成，场地也不大，除了在外工作的几个合伙人之外，公司连一个前台也没有。

虽然很窘迫，但我还是以最大的诚意接待了她。我和她讲了我以往的经历和成就，也讲了我的合作伙伴，表示公司有能力接下这个项目。但最后，她却对我说："我相信你的能力，也相信你们能够把公司做好，但我现在很难放心将项目交给你们。或许我们之后还有合作的机会。"说完便离开了。

当时我的心里十分难过，但我也理解对方的顾虑，一个名不见经传的小公司的确很难让人信服。但这些磨难都没有击垮我的信念，没有平台的助力，我就努力将自己的公司打造成一个具有知名度和影响力的平台。正是凭着这份信念，我一路披荆斩棘，从未想过退缩。

聚焦女性，找到新的定位

从北京来到广州创业的时候，我并非全无准备，而是明确了创业的定位，即聚焦女性受众打造教育培训平台。

为什么会选择这样的定位？一方面，从我自身来看，母亲一辈子的辛苦操劳和我自己的曲折成长过程都让我感受到了女性生活和成长的不易，在我有了一定的知识储备和能力之后，希望能够打造一个聚焦女性、专注服务于想学习的女性的平台，为她们实现自己的梦想提供助力。

另一方面，在我这么多年演讲的过程中，最开始的时候来听我讲课的多为男性，但最近两年，来听我讲课的女性越来越多。随着微商的崛起，越来越多的女性开始从家庭中走出来，通过创业实现自己的价值。

随着社会的进步和教育的普及，很多职业不再分男女。中国互动媒体集团 CEO 洪晃在演讲中曾讲道："女人不能只在家里当贤妻良母，不管你的物质条件多么好，你绝对不能停留在那儿，因为这不会使你愉快，不会让你得到满足，不会让你有自我，更不能让你有自信。"洪晃无疑说出了很多女性的心声。的确，当前越来越多的女性开始有了除家庭之外的其他要求，她们渴望能够在职场中大展拳脚，实现自己的人生价值。

社会和教育的发展让更多的女性开始更加重视自身诉求的满足，而女性自我意识的觉醒也渐成趋势。基于这种诉求，我和马英老师共同成立了广州梁宸瑜文化传播有限公司，旨在帮助女性创业者全方位提升自身形象、演说能力和创业能力。

我在长期奔波的过程中见到了很多想要改变自己、获得成长的女性，也意识到了我的一场场演讲能够助力别人的梦想，帮助别人获得成长。在这之后，我关注的重点就从自己的个人成长变为了帮助他人成长。而这种转变对我自身来说，何尝不是一种成长呢？转变思维之后，我收获了更多成长的喜悦，也体会到了相比于个人的成长而言，帮助更多的人成长是一件更有意义的事情。

迷雾中摸索，打磨产品

创业之前，在长久的学习过程中，我越来越认识到了学习的重要性。基于此，我深挖演讲专业知识，专注于独立女性成长教育，和马英老师共同成立了广州梁宸瑜文化传播有限公司。我摇身一变成了一名教育者，帮助那些曾经跟我一样迷茫的女性找到真正的自我。

在确定了女性教育成长和能力提升的出发点后，我们接下来要做的就是设计并打磨课程。那时候，马英老师要装修和经营公司，设计课程和打磨课程的主力就是我自己。结合曾经的演讲实践经验，聚焦女性受众定位，我设计出了一套有针对性的演讲课程。

但是，在没有人脉，没有学员的背景下，课程销售也无从谈起。为了寻找学员，我不断在公园、广场等地演讲。印象最深的一次就是我带着几名学员去一个餐厅演讲，在被点菜声、聊天声、吃饭声包围的环境中，我依然沉浸在自己的演讲中，顺利完成了一场演讲。

那时，为了寻找学员或客户，我经常从早到晚、一连十几天做演讲。经常每天讲到傍晚的时候，我已经筋疲力尽，脚板也一阵阵钻心地疼。但是经过一晚上的休整后，第二天的我依旧要寻找场地做演讲。

当时的苦日子我永远也不会忘记。不只是身体的折磨，更在于我精心准备的演讲在很多人看来就是笑话。一场演讲结束后，认真咨询课程的人没有多少，冷嘲热讽的人反而很多，很多人觉得我在白日做梦，在鼓动别人放弃安稳的日子，去追求动荡不安的创业生活。

对于这些质疑，我都没有辩解。我知道，想法一致的人自然会懂得我的想法，想法不一致的人我再怎么解释，对方也会百般质疑。

事实上，这段时间的演讲不只是为了招收学员，更是为了打磨课程。我十分珍惜每一次演讲的实践，也会做好听众数量、成交人数等数据的记录，对于听众给出的一些可行的建议，我也会虚心接受。在下一场演讲中，我会进一步优化演讲过程，争取带给听众更好的体验。

就这样经过一段时间的演讲实践，此前设计的课程越来越完善，也为团队招收了一些学员。在此基础上，我们的创业之路得以顺利展开。

理论结合实践，终成体系

我这些年四处学习求教，积累了不少经验，听过许多非常优秀的课程，也大致能看出它们是在哪些方面与其他普通的课程拉开了差距。我经过长期的观察发现，对于大部分人来说，想依赖于传统的授课模式，单纯靠听课来被动接受知识学会演讲，几乎是不可能的。如果普通的学员想要学以致用，将理论与实践完美地结合起来，真正纯熟地掌握演讲这项技能，就必须由专业的导师有针对性地进行指导。优秀导师的带领可以让学员事半功倍。

而更重要的是刻意的训练，就像我当初一样，我就是刻意地训练出来的，所以那个时候我们就开始创造了一个以训练的方式来教学员做招商演讲的一个课程体系。就像考驾照需要有教练一步步教学一样，招商演讲的学习也需要有教练的指导，只有这样，学员才能够在正确的指导下更快进步。

所以那个时候我就创造出了训练营这个产品。对于学习演讲的新手学员来说，如果一开始就学习怎么做演讲，无疑是一个巨大的挑战。因此新手学员必须从基本功练起，从主持练起。那些演讲、讲课讲得好的老师都是从主持人开始做起的，学员能够把 10 分钟的主持做好，才能够去讲好半个小时、一个小时，甚至半天、一天的演讲。

在从主持开始训练学员时，首先我会教学员如何发声，做演讲是不能够用嗓子发声的，不然可能讲半个小时嗓子就哑了，学员必须学会用丹田发声。我会教学员练气、练声音，打造金嗓子。发声训练结束后，无论学员做多长时间的演讲，嗓子都不会哑，同时声音也更加有穿透力。

除了发声方面的训练外，在训练营中，我还会教学员如何打造优雅大气的台风、如何快速破冰和台下听众建立起连接、如何随机应变处理突发情况，以及主持人如何协助主讲老师踢单成交的能力。

通过这些学习懂得如何做好一个主持人之后，我就会教授学员具体的演讲知识。一开始，我会向学员讲授完整的演讲流程、技巧等，也会设计完善的演讲稿模板，学员可以根据模板和销售的具体产品设计新的演讲稿。同时，在学员进行演讲训练的时候，我也会全程陪在学员身边，随时指出学员在演讲中出现的问题。

这些说起来容易，但做起来却十分不易。那时公司还没有发展起来，整个训练营中的演讲讲师只有我一个人。从教丹田发声、教主持，到教演讲、教成交技巧，都是我一个人的工作。为了帮助学员快速成长，我会在忙完一天工作之后的晚上帮学员逐字修改演讲稿，并思考第二天具体的训练计划。

那段时间，我白天教课，晚上备课或修改演讲稿，几乎没有在晚上十二点前睡过觉。并且因为创业时期的杂事太多，我也会经常凌晨四五点起床处理工作。我没有逛过广州晚上五光十色的夜景，却十分熟悉广州凌晨四点的天空。

但我一个人的能力毕竟是有限的，在学习演讲的过程中，有很多学员不会设计演讲稿，而仅凭我自己很难照顾到所有学员的学习需求。因此我开始有意识地招募并培养讲师团队，仅仅两个月就招募了20多人，成立了一支拥有外在优雅形象和内在超强演讲能力的“木兰讲师团”。

讲师团队部署完毕后，我们更新了训练营体系，推出了为期60天的一对一的教学辅导课程。

在这60天里，线下上课的时间是13天，其他的时间都是线上授课。学员分组进行演讲练习，然后将视频发到讲师指导的群里面。之后讲师会一对一进行点评，告诉学员应该怎样进行优化。在这次的课程中，所有的辅导都是一对一的，目的就是通过60天的急速班，快速培养出一个掌握多方面知识和具有演讲能力的讲师。

这个讲师不仅会主持、会演讲，还具有很强的招商成交能力。现实中，在教育培训行业要打造这样一个讲师，至少需要3~5年的时间，并且，即使讲师会演讲了，也很难保证招商成交率。因为很多老师都害怕教会徒弟饿死师傅，所以只是教学员怎么做演讲，而不愿意教授学员招商成交的技巧。

但因为我知道自己当初学习演讲十分不容易，所以更能以真心对待学员，很愿意把我的演讲能力教给更多的学员。有梦想谁都了不起，只要学员有想学的追求，我就会不遗余力地教授其演讲技巧和成交技巧。我不怕被学员超越，反而希望如果有一天学员能够站上更大的讲台的时候，能够自豪地说她的演讲是我教的。我也一直要求我们的讲师对学员一定要坦诚、无私。正因为我们能够更无私地教授学员更多知识，所以我们的课程能够更迅速地培养出具备实战能力的讲师。

经过长时间的磨合实践，不仅学员学到了成体系的干货知识，训练营的课程也越发完善。

“绝不将就，死磕到底，持续照耀”是我讲课时坚持的原则，也是我一贯的经营理念。公司成立以来，我做得最多的两件事就是研究如何把课讲好以及给学员上课。为了帮助学员快速成长，我不仅会手把手地教学员肢体动作，演讲技巧，也会细致地帮学员修改演讲稿。为了完成一场出色的演讲课程，我经常备课到深夜。

就算身体再疲惫，一站上讲台，我还是会展现出那个最好状态的自己，用热爱对学员负责，用行动把死磕到底的精神传递给学员，帮助学员把“不可能”和“将就”两个词从人生字典中删除。在教学的过程中，我不怕被超越，只要学员真正能够学到知识，只要品牌能够有一个好的口碑。

在我和同事们的辛勤努力下，公司成立 4 个月，线上、线下会员就突破了 10 万人。我也从这次的创业过程中体会到了更多的满足感和成就感。

迈向新阶段，让世界看到我

来广州 3 个月后，我们的工作逐步进入了正轨。这时我决定举办一场明星千人峰会，打响品牌，让更多的人看到我们。一开始，公司的很多股东、员工以及身边的朋友都不看好这个计划，觉得我们很难把它做大做好。而在我经历了这么多挫折后，“逆流而上、绝不退缩”

已经成了我的人生信条。

理想虽有，但现实却不容乐观。一场千人峰会要投入几十万元的真金白银，但结果却是未知的。这对于当时弱小的我们来说确实有很大的压力。当时，公司创始人加上员工一起只有 10 个人，为了办好这场峰会，我们提前 2 个月就开始在全广州寻找合适的酒店会场。考虑到很多学员都是从外地来广州的，交通便利和优质服务就成了我们选择酒店的重要要求。最后，我们将峰会地址定在了广州白云机场铂尔曼大酒店。

在确定明星人选方面我们也颇费了一番心思，在知名度和不同领域人员的安排上进行了多方考量。最后敲定了包含婚姻和事业都十分成功的知名演员、情感专家在内的嘉宾团队。

举办峰会最大的压力还是在学员这方面。全国各地来参加峰会的学员有很多，而其中的学员报名、行程对接、食宿安排等都需要一一明确。此外，针对峰会间课程的安排和学员的需求，我们还需要准备相应的物料。

只有细化各方面的问题并提出合理的应对方案，峰会才能够顺利举行。在十分缺乏人手的情况下，我只能一遍遍地梳理峰会的流程，将所有的重点环节都写在白板上，并一一列举问题：宣传海报怎么设计才有吸引力？学员报名以后汇总给谁统一负责？住宿的备选酒店标准是什么？课程讲什么才能给学员最大的帮助？

当我能够想出的所有问题都有了答案之后，我的工作还远远没有结束。为了设计好峰会的课程，我把自己关在书房里整整 10 天，竭尽全力打磨课件，力求达到更好的效果。而此时我的同事们也十分忙碌，定宣传海报、24 小时解答学员的疑问、提醒学员建议出行方式、发放到酒店会场的路线图等。

经过大家不懈的努力，以“创新她势力，创业她经济”为主题的“2019 年全球独丽女人成长论坛”在广州白云机场铂尔曼大酒店开幕，在行业内引起了不小的轰动。此次峰会持续了 3 天，主题围绕着演说口才、招商成交、气质养成、商务礼仪、两性情感、形象美学、创业智慧等多个模块，全方位解析“她时代”下女性应该如何找到自我以及最佳的发展方向。众多嘉宾共同解码女性快速实现经济与精神双重独立的方法，共绘女性未来发展的美好蓝图。

随着这次峰会的成功举办，开始注意到我们课程的人越来越多，也有许多人才想要加入我们的团队，或是成为投资人之一。但我没有沉溺于这一阶段的成就，而是紧密观察市场动向，关注社会经济变化，随时准备发展新的可能性。

让我没有想到的是，在我还没有行动的时候，公司的发展就受到了影响。2020 年年初，新冠肺炎疫情突如其来，以线下培训为主的公司业务彻底停摆。之后，没有业务的公司几个月没有进账，而房租、员工的工资、水电费等支出却不能避免。在这样的压力下，我每天都寝食难安、忧心忡忡。

压力之下，我被迫带领公司寻求新发展。这时我意识到，近两年随着互联网经济的发展，“直播”这个词越来越多地出现在人们的视野中，或许我可以通过直播帮助公司获得生机。于是在2020年，我抓住了抖音直播的市场风向，开始了我的直播演说之路，借此链接到更多爱学习的粉丝。

直播看上去似乎很简单，但依然需要极大的天赋、勤奋与努力。在开始做抖音直播之前，我并没有意识到这是件很困难的事，因为当时品牌已经有了不少会员，我自己也积累了一些粉丝，做直播是有一定基础的，但实际操作起来却并不简单。即使之前在多个平台发布了直播预告，直播的数据也并不看好。和抖音动辄成百上千万粉丝的大号相比，我的抖音号的粉丝少得可怜。

虽然我在演讲方面做出了成绩，但在直播方面，我依然是一个新手，并且在重压之下，我变得越来越焦虑。看着上不去的粉丝量和播放量，我在病急乱投医之下花费了20万元做账号代运营。钱花出去了，却没有起到效果。

秉承着死磕到底的精神，我开始自己写文案、想形式、拍视频。在最疯狂的时候，我连续数天每天直播16小时，只为了吸引和增加粉丝数。经过一番摸索，我发现符合身份的短视频表现形式，不仅能够引发和粉丝的互动，还能够吸引更多的粉丝。于是我便开始将自己演讲的视频做成短视频，提炼出里面有干货的内容发布到抖音上。同时，当社会上出现一些新闻热点时，我也会及时通过短视频发表自己的看法。

在我的不懈经营下，账号渐渐跑起来了，顺利开通了店铺。随后在一个不到10万粉丝的账号上直播测试，通过引流和成交一场直播变现了20万元。这让我看到了曙光，然后我们把实践过行之有效的方法标准化，通过矩阵账号运营，一年多的时间成功积累了2000万粉丝。随着疫情的逐步解封，在得到信息可以开展线下课程后，我开始把直播变现的相关实践梳理成一整套系统的课件，完善到我的演讲课程里，把线下课程升级为《独丽女人变现计划》。很多参加这个课程的学员都被我们的倾情付出打动了，纷纷表示从没有上过这样系统并且干货满满的课程。

在3天的《独丽女人变现计划》课程现场，我系统、全面地向学员讲解了直播、演讲、销售和招商等方面的知识，还邀请马英老师分享了商业思维和赚钱模式方面的干货。考虑到很多学员从来没有上过舞台或做过直播，为了让来自全国各地的学员都有一个实打实的收获，我们在课程现场向所有学员发放了我设计的演讲稿，并由我们的专业讲师团进行一对一辅导，指导大家的语音、语调和肢体动作，让学员体验到专业、贴心的教学服务。

此外，原来60天训练营的课程也升级为《直播演说讲师训练营》，通过学习直播，解决疫情期间学员个人和品牌流量的问题，更多维度地为学员赋能，与时俱进学习时代新技能。

2020年，面对新冠肺炎疫情的冲击，我们的品牌克服了困难，创造了更多的盈利。

这一年，我们的企业依然保持稳步发展，不仅实现了300%的逆势增长，还更新了办公环境与教学环境。为了让学员有更舒适的上课体验，也为了公司员工更有工作热情，我们从过去400平方米的办公室换到了 1900 平方米的临江独栋，仅仅用了一年时间就实现了一个阶段的完美蜕变。

我能够有如今的成就，与自身高效的执行力紧密相关。当我产生了新的想法时，就会立刻付诸实际行动，通过不懈的努力慢慢靠近我的目标。凡是有生活的地方，就有快乐和宝藏。在不断前行的人生路上，在我不断坚持的过程中，我收获了更多快乐，也体会到了生活的美好。

再艰难的时光也是限量版

西·切威廉斯说："人生是一次航行。航行中必然遇到从各个方面袭来的劲风，然而每一阵风都会加快你的航速。只要你稳住航舵，即使是暴风雨，也不会使你偏离航向。"人在身处逆境时，适应环境的能力实在惊人。人可以忍受不幸，也可以战胜不幸，因为人有着惊人的潜力，只要立志发挥它，就一定能渡过难关。

疫情之下，很多行业都受到了巨大的冲击，教培行业更是首当其冲。那时候，公司的线下教学业务基本停滞，不能开业、不能教学，很多之前报过名的学员纷纷要求退费，我也只得接受她们的选择。

忍着心中的悲痛和失落，我还是要继续向前走。线下的业务无法展开，我就将课程搬到了线上、搬到了直播间里。在这期间，我收到了很多来自全国各地的私信，很多人在私信中向我倾诉生活的难处、和我吐露心声。

学员们分享的故事我都会认真阅读。这些学员中有刚毕业的大学生、中年失业的职场女性，也有在事业上小有所成的职场白领，甚至是在业内小有名气的女企业家。但无一例外，她们都想通过学习演讲获得成长，改变命运。

看着这些学员分享的故事，我猛然发现，我现在肩上背负的不仅是自己的未来，还有众多学员的希望。还有这么多的学员相信我，需要提供帮助，我又怎能不努力奋斗呢?

在意识到自己身上沉甸甸的责任之后，我又重新燃起了斗志。我开始用更多的时间、更用心地打磨课件，力求给学员提供更多帮助。每做一场演讲或进行一次直播之前，我都会仔细备课、彩排，直播结束后我也会召开复盘会，总结问题，思考解决方案，力求精益求精。很长的一段时间里，我每天不是备课写书，就是直播或做演讲，没有睡过一次懒觉、休过一天假期。

苦苦支撑的日子是痛苦的，也是值得的。熬过疫情期间的痛苦时光后，公司终于重新获得了发展，并且越做越大。

现在再回忆这些事，我感受到的不是痛苦，而是感恩。无论是阳光还是风雨，都是生命的馈赠，再艰难的时光都是限量版，是值得珍惜的。并且也正是因为经历的这些磨难，我才一步步变得更加强大。

同时，这些磨难不仅让我的能力得到了提高，也使我的心境得到了成长。我明白了我的奋斗不是一个人的奋斗，而是一群人的奋斗，要想帮助更多人改变命运，我就要为她们提供更优质的课程、更广阔的平台。只有我更加强大、我的公司更加强大，才能够帮助更多的人。

从 0 到 1，风雨之后见彩虹

经历过创业过程中的一系列磨难、熬过疫情期间的困境后，公司的发展终于走上正轨。此时，公司的团队扩大了，从最初的 10 人增加到 50 人，各部门分工也越来越细致。公司的场地也扩大了，从 400 平方米的办公室换到了 1900 平方米的临江独栋办公楼，以给学员更好的上课体验。

同时在此时，公司的定位进一步细化，成长为女性创业加速平台，以教育为入口打造创业女性社群。在此基础上，公司的业务也进一步完善。“教育 + 社群”模型为新时代创业女性提供创业社交和投资的赋能平台。“线上 + 线下”模式集合中国众多优秀的明星导师为女性成长为商业领袖赋能。训练营体系为女性创业者提供招商加速落地服务，平台与众多知名品牌合作为其量身定制打造招商团队、孵化并投资布局女性相关的产业。

公司业务的精进不仅体现在多业务模式的开展方面，也体现在每一项业务的发展方面。以“线上 + 线下”模式为例，公司经过长期的总结和实践，针对线上和线下不同的学习人群和需求，围绕“直播变现，演讲口才，销售技巧，招商成交”四大板块，设计了不同的线上、线下精品课程体系。这些课程能够满足学员多方面的学习需求，助力学员全面成长。

此外，在公司发展的过程中，我也见证了很多学员的成长。有的学员十分恐惧舞台，一站到舞台上便头脑一片空白，经过演讲课程的学习后，成功克服了对舞台的恐惧，成为一名能够引爆全场的金牌讲师；有的学员做招商演讲会做演讲但是不会做成交，每次演讲的成交量都很低，经过招商成交课程的学习后，她终于打破成交量低的瓶颈，一场招商会的成交量就突破了千万元。

这些学员的成功无疑印证了我教学的成功。而无论是我创业的成功还是学员的成功，都让我感受到了成长的力量。从我个人来说，从月入 4000 元的小护士到帮助 18 万人学会销售型演讲的女性演说家，从四川边陲小镇的农村女孩到在广州拥有自己公司的女老板，人生每一次质的飞跃都是来自学习后的成长。从学员方面来看，每一个学员的改变和成功，都离不开一次次成长的助力。正是因为不断在成长的过程中改变自己，才最终获得成功。

从 1 到 N，不断进化

公司在从 0 到 1 发展的过程中，也实现了从 1 到 N 的进化。在总公司不断发展壮大的过程中，各地的分公司也纷纷成立。

分公司的成立是公司发展的必然结果。很多外地的学员不方便来广州学习，但是又想成长改变，同时，一些本地有实力的品牌或者拥有完善团队的个人，在广州学习的过程中收获了远超预期的惊喜效果，也想让自己公司和团队的伙伴都有所成长和蜕变，于是选择加盟，成为我们的分公司，让我们把课开到她们所在的城市。

基于以上这些需求，我们经过多方考察，在多地成立了分公司。到目前为止，公司在深圳、佛山、北京等十余个城市成立了分公司。而此前在千人峰会上，有多家团队愿意加盟我们的分公司，借此机会，我们的分公司也拓展到了新加坡、马来西亚等地。

在公司不断进化的过程中，我肩上的担子也越来越重，不仅要考虑总公司的经营，也要为分公司的发展提供助力。在这个过程中，我也付出了很多心血。

有的分公司是由几个人合伙成立的，主要负责人不明确，对接很杂乱，信息延迟、错漏都是常有的事，针对这一问题，我制定了只对接单个分公司负责人的原则。分公司开课时也需要总部的支持，每当有需要，我都会带领十余人的讲师团队飞往分公司，为其开课提供指导。

而在这一过程中，无论我遇到怎样的困难，都不会辜负分公司的期望，尽全力为分公司提供支持。例如，为了支持海南分公司的课程会议，我在连续 9 天的演讲后没有休息就立刻飞往了海南。在长时间睡眠不足和路途劳累的打击下，我在到达海南的当晚就发起了高烧。但我并没有因病休息，而是贴着退烧贴和分公司负责人对接课程的细节、调换不合格的音响设备，为开课做准备。

在海南分公司开课的第一天，我在感冒的基础上又遭遇生理期，腰酸背痛，浑身无力，踩着高跟鞋站在舞台上只觉得天旋地转。但为了不辜负信任我的每一个学员，我一手扶着讲台，一手掐着腰部不断刺激自己，最终完成了演讲，帮助分公司圆满完成了第一场课程。

在不断帮助分公司负责人完善分公司的过程中，我了解了分公司筹建过程中方方面面的问题，积攒了大量的经验。为了更好地帮助分公司成长，我将各种问题和解决方案进行了总结，形成了一个完善的打造分公司的体系。当有企业或团队加盟我们的分公司时，我们会为其提供运营模式梳理、招商系统赋能、会务体系输出、业务模型陪跑、品牌商学搭建、创始人 IP 建设等六大方面的支持，全方面推动分公司的成长。

在公司进化的过程中，通过各地分公司的设立，公司得以为身处各地的、更多的人提供成长支持。现在的我每天都会收到很多学员的反馈，说自己变得更加自信了、实现财务自由了、团队业绩更好了、公司更有凝聚力了等。更重要的是，她们都表示通过自己的成长，也可以激励并帮助身边更多的人了。每当收到这样的反馈，我都会由衷地感到欣喜，学员的成长比我自己的成长更让我高兴。通过创业，我不仅在自我成长的过程中获得了成功，也带领更多的人通过改变自己获得了成长和成功。这使我的创业更加有意义，也成了我今后经营、发展公司的新动力。

行动起来，一切都在路上

刚到广州创业的时候，除了几个合伙人之外我可以说是一无所有，没有任何资源和人脉，但最后我还是创业成功了。很多人都钦佩我的果敢，但我更想说的是，对于创业，不要有太多忧虑，先行动起来，一切都在路上。

很多人在为自己设立了创业的资源门槛，总觉得自己缺乏资源，因此即使喊出了创业的口号，也依旧心安理得地蹉跎岁月。没有创业资源可以创业吗？答案是肯定的。

对创业资源的认识可以反映出创业者的思维方式。很多人的思维局限性在于，认为当自己满足了某个条件，拥有了某些资源时便能理所当然地开始创业、获得成功；但真正获得成功的人的思维方式是，因为想创业，但是缺乏了某些资源，为了解决这个问题需要做什么。

因此，缺乏资源我们可以去发掘、去整合、自我储备或租借他人，有各种方法去解决，只要及时行动起来就行。因为当你思考犹豫、当你还在等待拥有足够的资源再开始时，别人已经成功了。

不让资源成为创业前的借口，保持清醒的头脑，我们应做到以下几个方面。

首先，不要拿缺钱当借口。很多人在创业时先盘点自己手里的积蓄，然后去搜索怎么通过这些钱开始做项目创业。但事实上，创业路上没有正正好好的对号入座，创业不是一个明码标价的商品柜，不涉及平等的利益交换，不意味着付出一定的金额就能得到更多的收益。

资本的天性是逐利，如果有一定保证利益的创业方法，早已经被踏破门槛了。创业不是银行，存进一定的钱就会有一定的利息；创业是依靠创业者本身的能力去创造更大的利益，落脚点在人而不在钱。

其次，扎牢根基，不要幻想坐享其成。很多人想到创业会去搜索一些“现成”的项目，认为这样可以在有限的资源下借助前人的经验平稳地取得成功。创业者都得靠自己走下去，如果一味依赖别人的帮助，那么创业基本上就不会成功了。创业需要自己将根基扎牢，依靠本身的眼光去发现行业的机会，依靠智慧去判断应该走向哪个方向，到了后期做出了一定的成绩，才需要去拼资源。

不要听信别人的鸡汤与大饼。很多人创业并不是想认真做出自己的事业，而只是听到了别人画大饼的言论，被人强塞了一把很容易实现的“梦想”，只要跟着一起做就能成功。但实际上投入进去，才发现其中充满了不确定性，如果没有坚持下去的毅力，最终只会一事无成。

创业还是要多学习一些干货，它是一种创业者可以快速拥有的隐形资源，可以在你迷惑时给予指导，提供行动的思路与方法，教导你实事求是地推演论证。

最后，不要听信“做好工作再讲创业”的言论。在公司上班为老板打工与创业是完全不同的思维方式，甚至工作完成得越好的人反而越不适合创业，在创业路上风生水起的人也无法回去上班。员工与老板所站的高度、思考的方式、解决的问题都不同，因此无法在同一个标准下比较。

很多没有接触过商业模式、想要创业的人，对商业运行规律缺乏认识，潜意识里会将工作中“付出＝收获”的概念代入，认为只要花费足够的时间和精力，就能取得一定的成果。由于对信息不够敏感，对营销思维认知模糊，所以盲目放大资源的重要性。

资源并不像天赋一样是天生的，相反，资源最主要是依靠人生掌握的知识，塑造的思维方式来整合、创造与使用的。因此创业最需要的关键永远不是资源，而是人才。创业不是看创业者可以投入多少资源，而是看创业者如何少走弯路，实现项目的最小化可行。

创业者要将手中的资源发挥最大的作用，就要把握每一次机会，既不肆意挥霍资源，也应在该出手时就出手。新时代下机会层出不穷，公司都在迭代进化，传统“一条路走到黑”的创业观念风险太大。

创业者应允许自己犯错，尽量通过小成本试错实现快速进化。想做到这些，创业者应具有广阔的视野以及独特的思维模式。在通往创业的成功之路上，视野能帮助创业者看到更全面的地图，了解自己身处的环境；思维能够帮助创业者将看到的资源、地理位置等线索高度整合，找到破局的方法。

看成功创业者的案例时，很多人会夸赞他们“有眼光”，能够在商机刚萌芽时便把握机会，继而一路高歌猛进。但究其原因，是因为他们在生活中多看、多听、多思考，开阔视野，锻炼思维，才能一眼看透事物的本质，直接得出准确的判断。所以创业者应摒弃那些看起来人人可行的套路，努力开拓自己独特的思路，这就是创业者本人所具备的最大资源。

创业九死一生，体验的价值

创业有多难？硅谷资深创业者本·霍洛维茨形容自己的创业生涯：“在担任 CEO 的 8 年多时间里，只有 3 天是顺境，剩下的 8 年几乎全是举步维艰。”

创业很难，这条向“死”之路上尸横遍野，为何仍有人前赴后继？因为创业是奋力一搏，成则财富与名誉纷至沓来，即使失败了，在其中获得的知识与经验也足以给以后的道路指引。

举步维艰、战战兢兢、如履薄冰固然是很多创业者回想过去时的总结，但热血沸腾、群情激昂、通宵达旦也并非不是体验中的一环。

真正回想起那段时光，除了深夜里的痛哭，更多的人会感叹那时似乎有用不完的精力，自己仿佛无所不能。

创业的意义是什么呢？有的人是为了生存，下岗找不到工作或生活环境改变，没有一技之长，不得不创业来养活自己和家人；有的人是为了赚钱，不愿意只有上班的一点微薄薪水；有的人只是想当老板，不再受别人束缚；有的人则是想通过创业施展人生的抱负，“达则兼济天下”。

人生很短，创业对更多人的吸引力是实现自我。创业者在想做的事情上倾注自己的精力、财力、人力，不仅是为了金钱，更是想将其发展成可托付终生的事业。

多数人过着安稳却平庸的生活，一生按部就班，离去之前回顾，恍然如梦。但如果曾经拼尽全力去做真正属于自己的事业，即使失败了，至少曾经奋斗过，体验过。不会在未来的人生中，一边羡慕着，期许着，一边慢慢流失掉所有的勇气，最后只剩一声叹息。

在创业过程中很多东西都是不可控的，一步踏错可能整个项目就此夭折：融资失败、合伙人退出、招不到员工、发不出工资等各种各样的意外情况随时都会出现，所谓福无双至、祸不单行，更有可能多种问题同时出现，让你疲于应对。

因此创业者必须提起十二万分的精神，长出“三头六臂”，用心推演每一个可能性，确保将失败率降到最低，快速学习每一个技能以弥补岗位空缺，紧急填充各种专业知识以防受骗。这样紧迫的环境如同学生时期考试前的复习，让你时刻保持亢奋的状态。而这样高浓度高效率的学习与提升，只存在于创业过程中。

创业的公司是创业者心中待成长的幼苗，在别人眼中却是名不见经传的。当创业者去接洽别的公司，去找代理商、投资者时，要一遍遍讲述自己的故事，获取别人的信任，让别人对公司有信心，这在原先的工作中是不会出现的情况。这样的弱势是市场造成的，也是创业公司太多但成功的太少的大环境下必然的事件。

创业过程中各种挫折艰难都是常态，太过顺利反而更让人心生不安。在创业的路上，你一定会遇到很多不愿意发生的事，身处无法想象的糟糕境地，甚至做自己以为绝对不会做的事情。

午夜梦回时，想到自己放弃的朝九晚五的稳定的生活，我也会有一丝怀念，但醒来仍会毅然决然地投到生死未知的旅途中，不知道有多少人敢于拥有这样的体验。

创业的体验有喜有悲，有苦有乐。因为倾注了太多的心血，花费了太多的精力，因此，在创业过程中的任何情绪，喜悦、难过、愤怒、遗憾等都会被无限放大，失败的痛苦与经历也格外铭心刻骨，个中滋味只有体验过才能明白。